Schönheit und Geometrie der ZEtafunktion
Beobachtungen und Skizzen
Thomas Kromer

ii

Schönheit und Geometrie der ZEtafunktion
Beobachtungen und Skizzen

Thomas Kromer

30.06.2007

Bibliographische Information der Deutschen Nationalbibliothek Die Deutsche Nationalbibliothek ver-
zeichnet diese Publikation in der Deutschen Na-
tionalbibliographie; detaillierte bibliografische Daten
sind im Internet über http://dnb.d-nb.de abrufbar

©2007 Thomas Kromer
Herstellung und Verlag:
Books on Demand GmbH,
Norderstedt

ISBN–13: 978387062465

Inhaltsverzeichnis

0.1   Vorwort

Wage ich, Dilettant auf dem Gebiet der Mathematik, dem Leser sicherlich un-
zulängliche Betrachtungen zur Geometrie der Zetafunktion vorzustellen, so —
neben niederen Beweggründen der Hoffnung auf Ruhm, Ehre und eine Million
Dollar, die dem winken, der die Riemannsche Vermutung bestätigt — deshalb,
da ich glaube, mit dem von mir gewählten Zugang zu dieser Thematik einen bisher nicht — oder zumindest wenig — gebräuchlichen Weg zu beschreiten. (Hat
nicht Egon Friedell ein Buch „Lob des Dilettantismus" geschrieben?)

Mögen die Darstellungen andere anregen, die Geheimnisse der Zetafunktion und,
damit verbunden, der Verteilung der Primzahlen auf neuen Pfaden weiter zu
erkunden. Den Lesern muss ich es überlassen, zu beurteilen, ob es mir gelungen
ist, einem Nachweis über die Korrektheit der Riemannschen Vermutung näher
zu kommen. Immer wieder überraschen die damit verbundenen Zusammenhänge
durch ihre Vielfalt und versetzen uns in Erstaunen und Ehrfurcht.

Ertingen, 2/2007, Thomas Kromer

Kapitel 1

Beobachtungen zur Geometrie der Zetafunktion

1.1   Einleitung

Die Zetafunktion ist definiert als die Summe der unendlichen Reihe(mit der natürlichen Zahl n und der komplexen Zahl s):

$$\zeta(s) = \sum_{n=1}^{\infty} n^{-s} = \sum_{n=1}^{\infty} \frac{1}{n^s} = 1 + \frac{1}{2^s} + \frac{1}{3^s} + \frac{1}{4^s} + \dots$$

Wie bekannt, kann sie nach Euler auch als Produkt unendlich vieler Terme geschrieben werden, in welchen jede Primzahl einmal vorkommt:

$$\sum_n \frac{1}{n^s} = \prod_p \frac{1}{1 - \frac{1}{p^s}} \tag{1.1}$$

Hierbei ist n eine ganze positive Zahl (n=1,2,3, ...), während p alle Primzahlen (p=2,3,5,7,11, ...) durchläuft. Diese Gleichung machte Riemann zum Ausgangspunkt seiner berühmten Abhandlung[1].

Die Werte der komplexen Zahl $s = Re(s) + Im(s) \cdot i$, mit $Re(s), Im(s) \in \mathbb{R}$, für welche $\zeta(s)$ den Wert Null annimmt, fließen in Terme der Formel zur Berechnung der Anzahl der Primzahlen unterhalb einer Größe x ein und erlauben eine prinzipiell exakte Bestimmung dieser Größe x.

Riemann hat vermutet, dass alle Nullstellen auf der Geraden parallel zur y–Achse des Koordinatensystems durch den Punkt $0,5+0\cdot i$ liegen [1]. Diese Nullstellen für $Re(s) = 0,5$ werden „nichttriviale" Nullstellen genannt. Weitere Nullstellen, die sogenannten „trivialen", liegen auf der negativen x–Achse, sind aus der Funktionalgleichung der Zetafunktion leicht abzuleiten und spielen keine weitere Rolle in der Theorie der Primzahlen. Alle Bemühungen, diese „Riemannsche Vermutung" zu beweisen, sind bisher letztlich gescheitert. Es konnte aber gezeigt werden, dass alle Nullstellen innerhalb des Bereiches $0 < Re(s) < 1$ (dem sogenannten „kritischen Streifen") entlang dieser Gerade, dass unendlich viele Nullstellen auf dieser liegen und diese auf der kritischen Gerade liegenden Nullstellen mindestens 40% aller nichttrivialen Nullstellen ausmachen [2][6][9].

Nach der von Riemann aufgestellten symmetrischen Form der Funktionalgleichung der Zetafunktion:

$$\prod \left(\frac{s}{2} - 1\right) \pi^{-\frac{s}{2}} \zeta(s) = \prod \left(\frac{1-s}{2} - 1\right) \pi^{-\frac{1-s}{2}} \zeta(1-s)$$

(wobei $\prod (s)$ die Erweiterung der Fakultätsfunktion auf alle komplexen Zahlen bezeichnet,

für welche gilt [2]:

$$\prod(s) = s \prod(s - 1)$$

(Legendre führte die Notation $\Gamma(s)$ (Gammafunktion) für $\prod(s - 1)$ ein, diese wurde aber von Riemann und auch Edwards nicht benutzt)).

ergibt sich eine Symmetrie der Funktionalgleichung bezüglich der kritischen Geraden parallel zur y–Achse durch den Punkt 0,5 auf der x–Achse [2], S.14 und [3], S. 30. (Um mit Edwards zu sprechen: Die Funktion auf der linken Seite von 1.1 bleibt unverändert bei der Substitution $s = 1 - s$ [2](S.14)). Sollte es eine Nullstelle der alternierenden Zetafunktion für einen Wert von s mit $Re(s) = 0,5 + d$ geben, so auch für $Re(s) = 0,5 - d$ (sowie auf Grund der offensichtlichen Symmetrie zur x–Achse auch für ihre konjugierten Werte) [2][3].

Inzwischen ist auch für extrem hohe Werte von $T = Im(s) < 2,4 \cdot 10^{12}$ und eine entsprechend hohe Zahl $N(T) > 10^{13}$ an nichttrivialen Nullstellen bekannt, dass die Riemannsche Vermutung zutrifft [7]. Es gilt also nunmehr, deren Richtigkeit auch für die bisher nicht untersuchten noch höheren Werte von $Im(s)$ zu prüfen.

Eine hervorragende Übersicht über diese Ergebnisse bieten die im Literaturverzeichnis, welches extrem rudimentär nur einen ersten Einstieg in das Thema ermöglichen soll, aufgeführten Lehrbücher[2][3].

Wer die bisher erreichten Erkenntnisse und die Geschichte der Erforschung der Zetafunktion näher kennen lernen will, wird in den bewundernswerten Standardwerken, insbesondere [2], aber auch in vielfältigen Arbeiten, welche über das Internet zugänglich sind, sowie an erster Stelle den Originalarbeiten[1], fündig werden.

1.2 Geometrische Darstellung

Um den Wert der Zetafunktion für einen bestimmten Wert von $s = Re(s) + Im(s) \cdot i$ zu erhalten müssen wir unendlich viele Vektoren $v_n = \dfrac{1}{n^s}$ addieren. Ihre Länge l_n (ihr Modulus) bestimmt sich zu $l_n = \dfrac{1}{n^{Re(s)}}$, ihr Winkel zur x–Achse(ihr Argument) als $\varphi_n = Im(s)ln(n)$, dem Produkt des Wertes von $Im(s)$ mit dem natürlichen Logarithmus von n, der Winkel des Vektors v_{n+1} zum jeweils vorhergehenden Vektor v_n als $\varphi_{diff} = Im(s)(ln(n+1) - ln(n))$. Betrachten wir einen Verlauf des Graphen der Zetafunktion (Abbildung1.1):

Beginnend beim Punkt 1 auf der x–Achse(Länge des Vektors für $n = 1$ ist für alle Werte von $Re(s)$ gleich 1, der Winkel zur x–Achse 0, da $ln(1) = 0$), sehen wir zunächst einen chaotisch anmutenden Verlauf, welcher dann in regelmäßige Spiralbewegungen übergeht. Schließlich entwickelt sich nach mehreren Richtungsänderungen eine endgültige Spiralbewegung (Abbildungen 1.6, Seite 10, 5.1, Seite 34, 1.2und 1.3, Seite 6) mit immer größer werdendem Radius, welche sehr regelmäßig einen Punkt der komplexen Zahlenebene umkreist).

In den Darstellungen des Verlaufs der Zetafunktion für größere Werte von $Im(s)$ sehen wir für höhere Werte von n immer regelmäßigere geschwungene Abschnitte, zwischen welchen enge spiralige Wirbel liegen. Die Winkel φ_n zwischen den Vektoren v_n und v_{n-1} (mit $n > 1$) werden mit höherem $Im(s)$ größer. In jedem geschwungenen Abschnitt verringert sich der Winkel zwischen aufeinanderfolgenden Winkeln im Vergleich zum vorhergehenden geschwungenen Abschnitt um 2π. Beim letzten geschwungenen Abschnitt vor Beginn der letzten Spiralbewegung, die die immer größer werdende Schlussspirale bildet, liegt dieser Winkel zwischen aufeinanderfolgenden Vektoren bei der aufsummierenden Zetafunktion zunächst

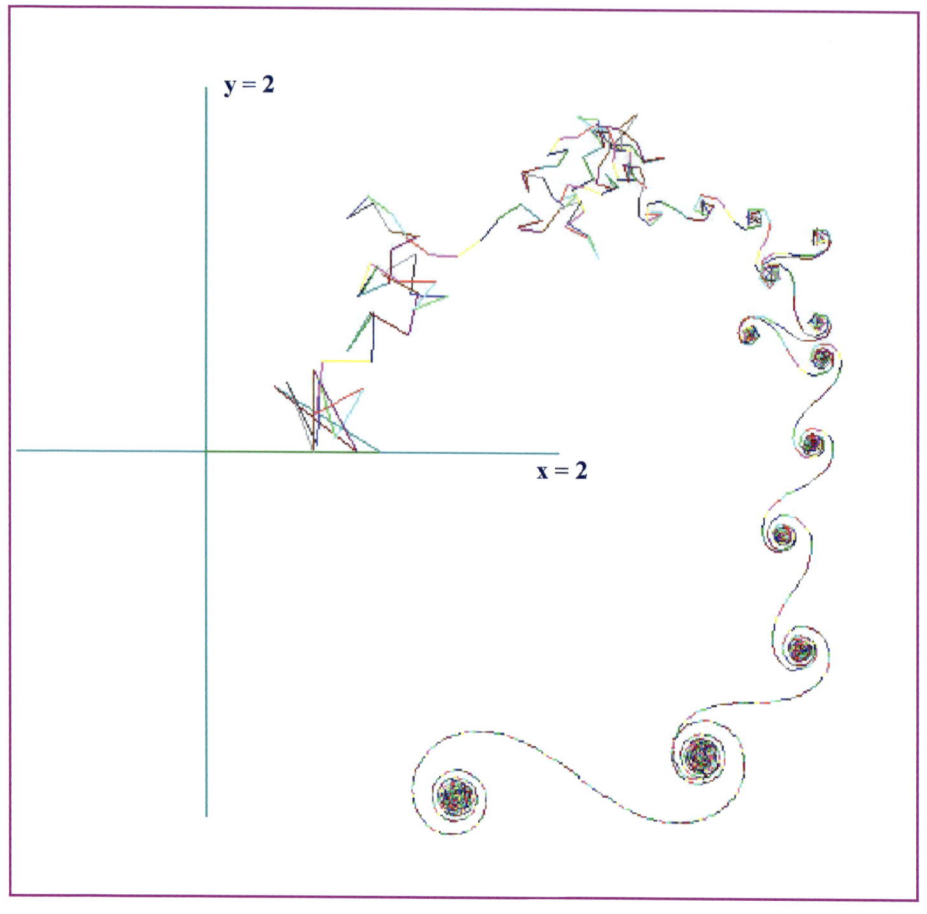

Abbildung 1.1:

Verlauf der Zetafunktion(Beispiel für $s = 0,5 + 10026,5 \cdot i$)

etwas oberhalb von 2π. Das gerade Stück im geschwungenen Abschnitt kennzeichnet den Übergang von Werten etwas oberhalb zu Werten unterhalb von 2π. Allgemein kennzeichnet der gerade Abschnitt den Übergang um $k \cdot 2\pi$. Die geschwungenen Abschnitte werden dabei mit höherem n und zunehmendem $Im(s)$ immer länger. Der Winkel zwischen den Vektoren nimmt mit dem Kehrwert von n ab, die Moduli der Vektoren aber mit dem Kehrwert der Quadratwurzel von n (für $Re(s) = 0,5$), wie wir in den nächsten Abschnitten (Seite 17) sehen werden.

Die engen spiraligen „Wirbel" zwischen den geschwungenen Abschnitten kennzeichnen den Übergang um $k\pi$. Die Vektoren sind in den „Wirbeln" in ihren Argumenten jeweils grosso modo entgegengesetzt gerichtet.

Die letzte Spirale vergrößert sich unbegrenzt, aber: Für höhere Werte von $Im(s)$ wird die divergierende Spirale immer enger, so dass schon rasch, z.B. bei Werten von $Im(s) > 1000$ zunächst kleine, sehr kompakte Scheiben entstehen, die das jeweilige Zentrum dieser Spirale sehr exakt markieren.

Wir können den Radius der endgültigen divergierenden Spirale berechnen: Aus dem Verhältnis der Länge der einzelnen Vektoren zum jeweiligen Winkelzuwachs ergibt sich der Radius r (beim Vektor v_n) zu:

$$r = \frac{n^{1-Re(s)}}{Im(s)}$$

Üblicherweise wird darauf hingewiesen, dass der Funktionswert der Riemannschen Zetafunktion und der Konvergenzpunkt der aufsummierenden Zetafunktion im Bereich der komplexen Zahlenebene mit $Re(s) > 1$ zusammenfallen („coincide" nach Edwards[2]), wogegen im Bereich des kritischen Streifens die analytische Erweiterung der Zetafunktion verwandt wird, um hier ebenfalls eine Konvergenz zu erhalten. Dabei ist dann der Zusammenhang zwischen dem Konvergenzpunkt der Riemannschen Zetafunktion und der aufsummierenden Zetafunktion nicht mehr gegeben, es wird auf die Divergenz der letzteren in diesem Bereich der komplexen Zahlenebene verwiesen. Für alle Werte von s mit $0 < Re(s)$ fallen aber der Funktionswert der Riemannschen Zetafunktion und das Zentrum der endgültigen Spiralbewegung der Vektoren der aufsummierenden Zetafunktion zusammen. Diese beginnt, wie später noch betrachtet wird, mit dem Vektor v_n mit $n = \dfrac{Im(s)}{\pi}$. Als einzige Ausnahme sind dabei die Werte von s, welche auf der x-Achse liegen, zu sehen.

Für Werte von $Re(s) > 1$ konvergiert diese Spirale (Abbildung 1.4), mit $Re(s) = 1$ ergibt sich ein Kreis, für Werte von $Re(s) < 1$ divergiert diese Spirale.

Der Funktionswert der Riemannschen Zetafunktion lässt sich auch durch eine veränderte Euler-Maclaurin-Formel, die von Edwards stammt([10]), berechnen (für Werte von $Re(s) > -2$):

$$\zeta(s,N) := \sum_{n=1}^{N-1} \frac{1}{n^s} + \frac{1}{2}\frac{1}{N^s} + \frac{1}{s-1}\frac{1}{N^{s-1}} + \frac{s}{12 \cdot N^{s+1}}$$

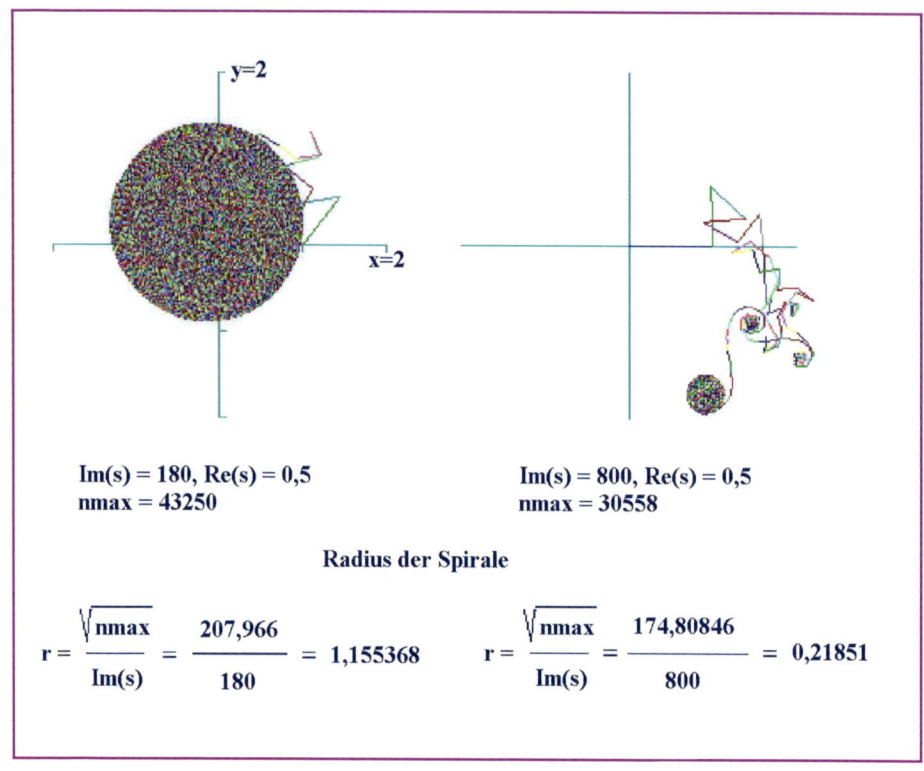

Abbildung 1.2:
Beispiele für die Berechnung der Radien der endgültigen Spiralbewegung

Abbildung (1.5, Seite 9).

In dieser Arbeit soll eine von mehreren möglichen Erweiterungen der ursprünglichen Zetafunktion zur Darstellung herangezogen werden, die alternierende Zetafunktion, diese zeigt auch im Bereich der komplexen Zahlenebene mit $0 < Re(s) < 1$ Konvergenz, weist dieselben Nullstellen auf wie die Riemannsche Zetafunktion und ist doch deutlich anschaulicher als die Funktionalgleichung.

Da für die Frage der Korrektheit der Riemannschen Vermutung dieser Bereich der komplexen Zahlenebene allein interessiert, sollen sich die folgenden Darstellungen auf diese Werte von $0 < Re(s) < 1$ beschränken.

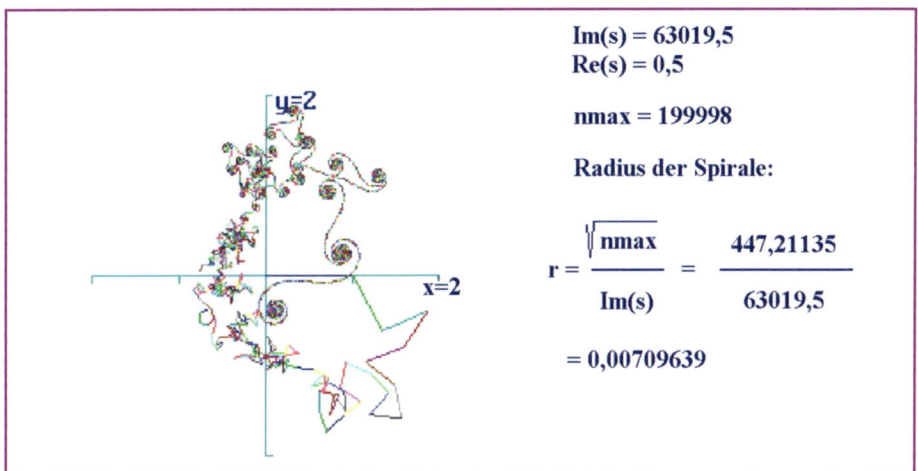

Abbildung 1.3:

kompakte Spirale bei höherem $Im(s)$, $n = 199998$. Trotz des hohen Wertes von n ist die endgültige Spiralbewegung auf Grund des geringen Radius lediglich als Punkt innerhalb der letzten konvergierenden Spirale dargestellt.

1.2.1 Die summierende und die alternierende Zetafunktion

Wir gelangen zur alternierenden Zetafunktion, indem wir zunächst die Zetafunktion mit dem Faktor $\dfrac{1}{2^s}$ multiplizieren:

$$\frac{1}{2^s}\zeta(s) = \zeta_{even}(s) = \frac{1}{2^s} + \frac{1}{4^s} + \frac{1}{6^s} + \dots$$

Hierdurch erhalten wir eine Teilmenge der Zetafunktion, welche nur aus den Termen der Zetafunktion mit geradem n besteht, wir wollen sie $\zeta_{even}(s)$ nennen. Ihre komplementäre Teilmenge $\zeta_{odd}(s)$ besteht aus den Termen der Zetafunktion mit ungeradem n:

$$\zeta_{odd}(s) = 1 + \frac{1}{3^s} + \frac{1}{5^s} + \dots$$

Offensichtlich gilt: $\zeta(s) = \zeta_{odd}(s) + \zeta_{even}(s)$

Subtrahieren wir schließlich $\zeta_{even}(s)$ zweimal von $\zeta(s)$, so erhalten wir die alternierende Zetafunktion $\zeta_{alt}(s)$, bei der alle Terme mit ungeradem n addiert, solche mit geradem n subtrahiert werden.

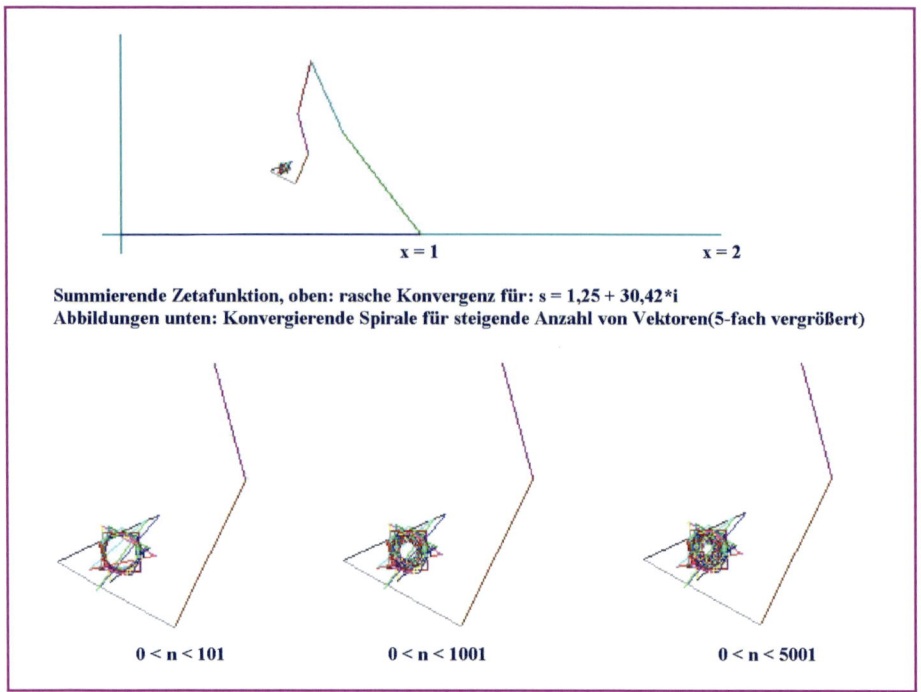

Abbildung 1.4:

Konvergierende Spiralbewegung für $Re(s) > 1$

$$\zeta_{alt}(s) = \sum_{n=1}^{\infty} \frac{(-1)^{(n-1)}}{n^s} = 1 - \frac{1}{2^s} + \frac{1}{3^s} - \frac{1}{4^s} + ...$$

Die alternierende Zetafunktion, welche auch Dirichlet-η-Funktion[5] genannt wird und eine analytische Fortsetzung der Zetafunktion im Bereich des kritischen Streifens darstellt, ist mit der Zetafunktion über folgende Gleichung verbunden:

$$\zeta_{alt}(s) = \eta(s) = (1 - 2^{1-s})\zeta(s) \tag{1.2}$$

Die Etafunktion $\eta(s)$ weist im Bereich des kritischen Streifens (mit $0 < Re(s) < 1$) für dieselben Werte von s Nullstellen auf wie die Zetafunktion (da der Term $(1 - 2^{1-s})$ in Gleichung 1.2 nur für den Wert $Re(s) = 1$ Null werden kann), so dass auf sie die Riemannsche Vermutung ebenso zutrifft und deren Korrektheit auch anhand der Nullstellen der $\eta(s)$-Funktion untersucht werden kann [4][5].

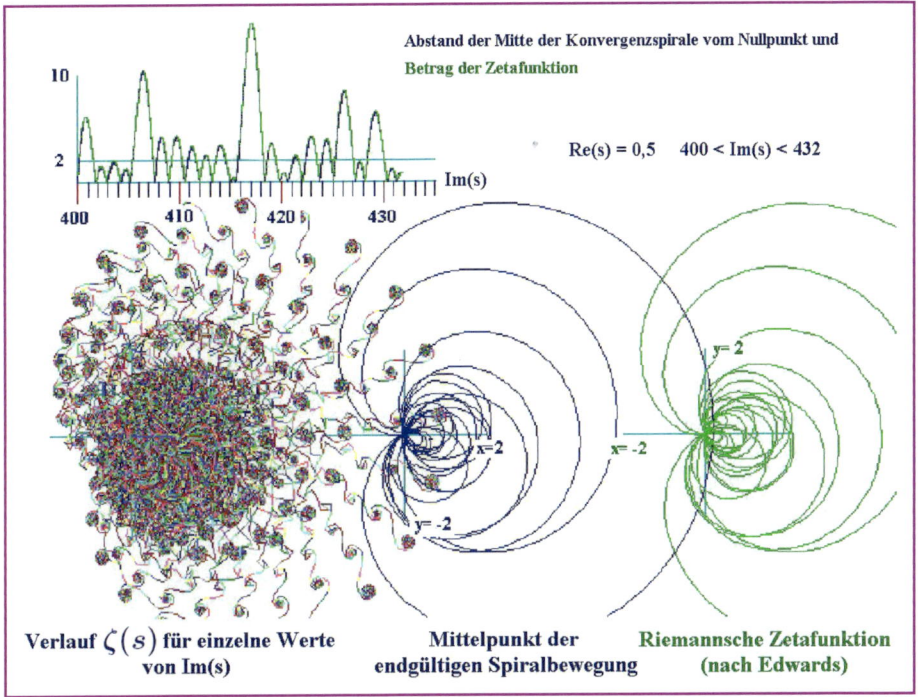

Abbildung 1.5:

Vergleich des Verlaufes des Mittelpunktes der divergierenden Spiralbewegung der summierenden Zetafunktion (unten links und Mitte) und des Funktionswertes der Riemannschen Zetafunktion(nach Formel 1.2, Seite 5)

Zur Unterscheidung soll im weiteren mit „Zetafunktion" die ursprüngliche, aufsummierende Funktion gemeint sein. Die Begriffe „alternierende Zetafunktion" und „Etafunktion" werden im folgenden Text synonym verwandt. „Riemannsche Zetafunktion" schließlich soll die durch die Funktionalgleichung nach Riemann zu berechnende analytische Erweiterung der Zetafunktion bezeichnen.

1.2.2 Die Teilsummen $\zeta_{odd}(s)$ und $\zeta_{even}(s)$

Betrachten wir kurz das Zusammenspiel von $\zeta_{odd}(s)$ und $\zeta_{even}(s)$: Es gilt: $\zeta(s) = \zeta_{odd}(s) + \zeta_{even}(s)$ und ebenso: $\zeta_{alt}(s) = \zeta_{odd}(s) - \zeta_{even}(s)$.

Die vier Funktionen $\zeta_{odd}(s)$, $\zeta_{even}(s)$, $\zeta(s)$ und $\zeta_{alt}(s)$ sind zusammen in einem Beispiel in Abbildung 1.6 dargestellt:

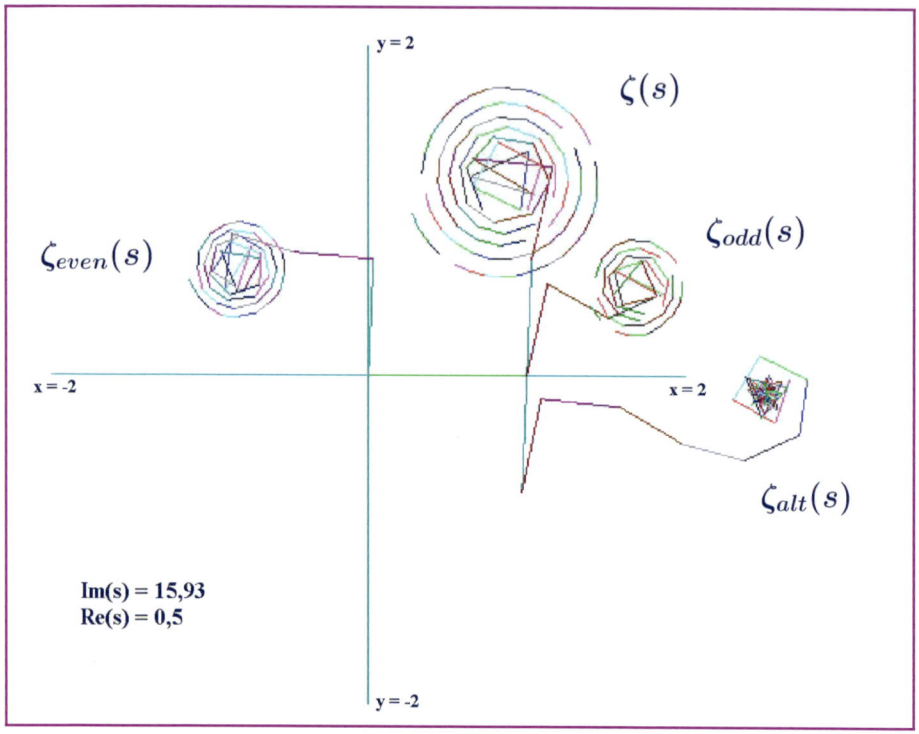

Abbildung 1.6:

Gemeinsame Darstellung von $\zeta_{odd}(s)$, $\zeta_{even}(s)$, $\zeta(s)$ und $\zeta_{alt}(s)$

$\zeta_{odd}(s)$ und $\zeta_{even}(s)$ mäandrieren zunächst durch die Zahlenebene, gelangen dann jeweils an einen Punkt, bei dem das Zentrum der stetig sich vergrößernden Spirale liegt. Auch ihre Summe $\zeta(s)$ führt (für Werte von $Re(s)$, welche innerhalb des kritischen Streifens liegen) eine gleichartige Spiralbewegung aus, wohingegen ihre Differenz, $\zeta_{alt}(s)$ auf einen Punkt hin konvergieren kann.

Zum Vergleich ist die Entwicklung der Zetafunktion, die sich ergibt, wenn wir ihren Wert als Euler-Produkt entsprechend Gleichung 1.1 durch sukzessive Multiplikation errechnen, in Abbildung 1.7 dargestellt.

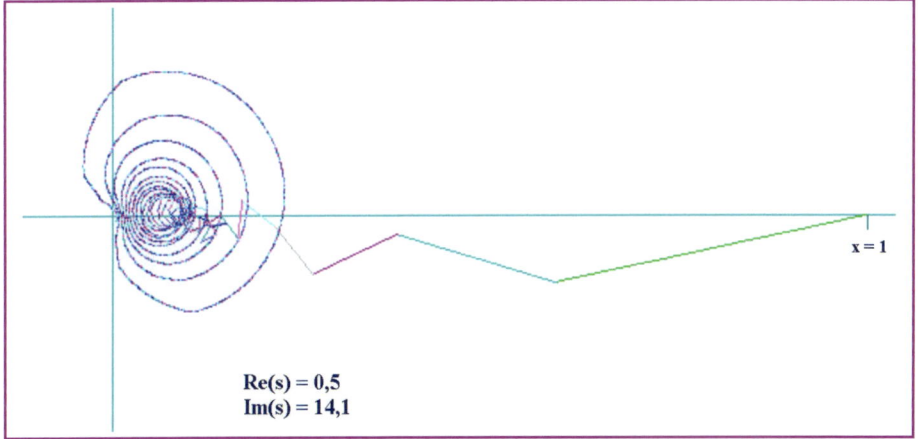

Abbildung 1.7:

Bildung des Eulerproduktes durch sukzessive Multiplikation, $1 \leq n \leq 10^5$

Kapitel 2

Selbstähnlichkeit der Zetafunktion

2.1 Abbildungen — Produkte — der Zetafunktion

Die Funktion $\zeta_{even}(s)$ haben wir durch Multiplikation der Zetafunktion mit dem Faktor $\dfrac{1}{2^s}$ erhalten. Ebenso können wir die Zetafunktion (oder auch die alternierende Zetafunktion) mit weiteren Faktoren $\dfrac{1}{3^s}$, $\dfrac{1}{4^s}$ oder generell $\dfrac{1}{m^s}$ multiplizieren und erhalten dann verkleinerte, und um das Argument des jeweiligen Faktors rotierte, Abbilder der Zetafunktion.

Nicht selbstverständlich ist, dass die Multiplikation mit $\dfrac{1}{2^s}$ die Funktion ζ_{even} erzeugt, das heißt, wir nehmen jedes zweite Glied der originalen Zetafunktion und bilden daraus eine neue Unterfunktion der Zetafunktion, eben ζ_{even}. Und diese Funktion, welche aus jedem zweiten Vektor der Zetafunktion gebildet wird, ist wieder ein perfektes Abbild der Zetafunktion selbst! Die Multiplikation mit $\dfrac{1}{3^s}$ können wir durchführen, indem wir jeden dritten Vektor der Zetafunktion nehmen und diese entsprechend addieren. So erhalten wir wiederum ein (kleineres) Bild der Zetafunktion. All diese Untermengen der Zetafunktion zeichnen sich dadurch aus, dass das Verhältnis zwischen der Länge des ersten Vektors und der des zweiten dem Wert $\frac{1}{2^s}$ entspricht, ihr Winkel zueinander eben dem Winkel zwischen dem ersten und dem zweiten Vektor der Zetafunktion. Entsprechendes gilt auch für die weiteren Terme der neuen Funktionen. So gibt es unendlich viele Abbilder der Zetafunktion durch die Multiplikation der Zetafunktion mit $\frac{1}{m^s}$ mit $m \in \mathbb{N}$. Alle Vektoren dieser Abbildungen sind Teil der ursprünglichen Zetafunktion.

Bilden wir nun nicht nur die verkleinerten Abbilder der alternierenden Zetafunktion, sondern durch Multiplikation mit 2^s, oder auch durch Multiplikation mit dem Faktor $2^{\bar{s}}$, das heißt, mit dem konjugierten Wert zu 2^s, entsprechende vergrößerte Abbildungen: Die Multiplikation der Vektoren der alternierenden Zetafunktion mit dem Wert $2^{\bar{s}}$ führt zu einer Streckung der alternierenden Zetafunktion um den Faktor $2^{Re(s)}$ und einer Drehung aller Vektoren um das Argument des Vektors $\frac{1}{2^s}$. Die Argumente der Einzelvektoren der Funktion, die wir durch die Multiplikation der alternierenden Zetafunktion mit dem Faktor $2^{\bar{s}}$ erhalten, sind dann identisch mit den Argumenten der verkleinerten Abbildung der Zetafunktion $\frac{1}{2^s}\zeta - alt(s)$ (Abbildung 2.1). Aber- ist es nicht verblüffend, dass wir z.B. den siebzehnten, den vierunddreißigsten usw. Vektor der Zetafunktion nehmen können, diese addieren und so ein perfektes verkleinertes Abbild der Zetafunktion erhalten?

Solche perfekte Selbstähnlichkeit ist auch eine Eigenschaft logarithmischer Spiralen.

2.2 Logarithmische Spiralen und die Zetafunktion

Setzen wir $s = 0,5 - i$, so bestimmen sich die Argumente der Vektoren v_n der Zetafunktion allein nach dem natürlichen Logarithmus von n, ihre Länge l_n aus $l_n = \frac{1}{n^{Re(s)}} = \frac{1}{\sqrt{n}}$ jeweils als Kehrwert der Quadratwurzel von n. Die Endpunkte all dieser Vektoren liegen auf einer logarithmischen Spirale. In Polarkoordinaten lautet ihre Gleichung allgemein:

$$\rho = e^{s*\varphi} = e^{Re(s)*\varphi + Im(s)*i*\varphi} = e^{Re(s)*\varphi} * e^{Im(s)*i*\varphi}$$

Wollen wir auf den komplexen Exponenten s verzichten, so können wir mit den reellen Zahlen $Re(s)$ und $Im(s)$ entsprechend der Gleichung der logarithmischen

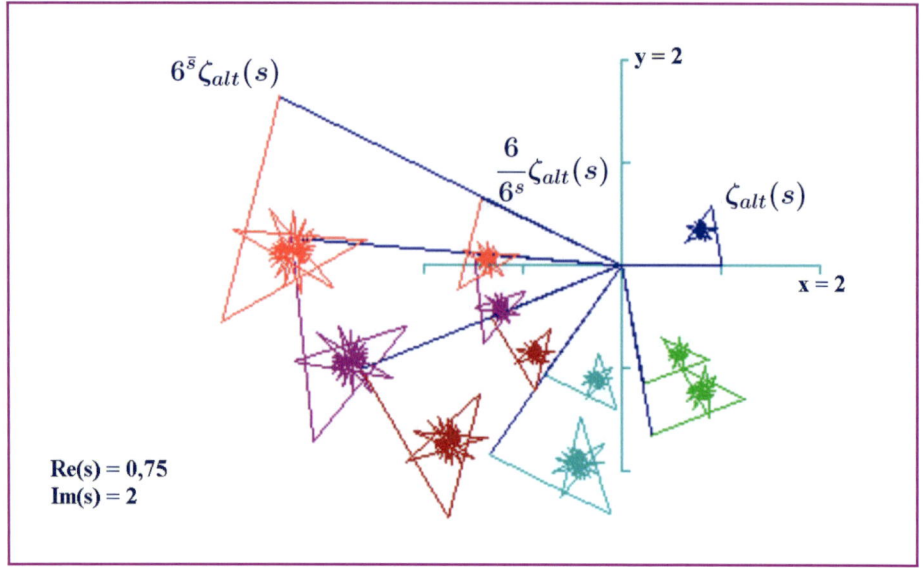

Abbildung 2.1:

Produkte(Abbildungen) $\frac{m}{m^s}\zeta_{alt}(s)$, $m^{\bar{s}}\zeta_{alt}(s)$ der alternierenden Zetafunktion $(1 \leq m \leq 6)$, $Re(s) = 0,75$, $Im(s) = 2$

Spirale in Polarkoordinatenform:

$$\rho = ae^{k\varphi}$$

(mit a>0)

schreiben:

$$\rho = e^{\frac{Re(s)}{Im(s)}\varphi} \tag{2.1}$$

(im untersuchten Fall $a = 1$).

Dies ist dargestellt in Abbildung 2.2 links: Die Vektoren v_n der Zetafunktion für $s = 0,5 - i$ bilden die Radien dieser Spirale an ihren zugeordneten Winkeln $\varphi_n = ln(n)$.

2.3 Die Pythagoreische Spirale und eine Kreisteilung (I)

Wie in Abbildung (2.2, Seite 15) rechts dargestellt, können wir Vektoren mit Modulus $\frac{1}{\sqrt{n}}$ auch erhalten, indem wir die unterhalb der x–Achse dargestellte Spirale durch Konstruktion ähnlicher Dreiecke in den Einheitskreis hinein fortsetzen (Inversion am Einheitskreis). Vektoren der Länge $\frac{1}{\sqrt{n}}$, welchen wir bei der Zetafunktion im Falle $Re(s) = 0,5$ begegnen, erscheinen in mehrfacher Form in dieser Konstruktion(Abbildung(2.2) rechts):

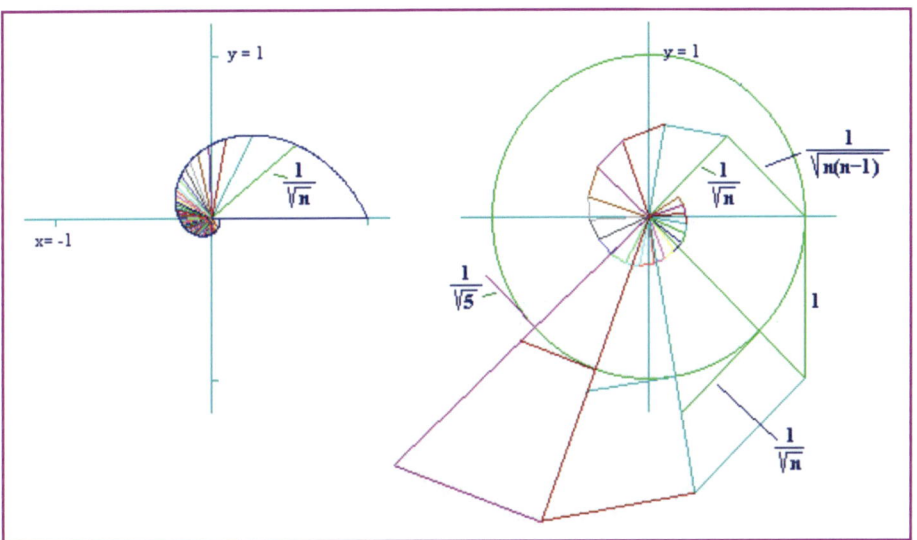

Abbildung 2.2:

Logarithmische Spirale(Zetafunktion)(für $s = 0,5 - i$) und Spirale nach Pythagoras(angegeben sind jeweils die Streckenlängen)

So haben die Radien der in den Einheitskreis hineinlaufenden Spirale jeweils die Länge $\frac{1}{\sqrt{n}}$, ebenso aber auch die tangential am Einheitskreis anliegenden, parallel zu den Katheten der Länge 1 der divergenten Spirale verlaufenden Abschnitte, welche unterhalb der x–Achse dargestellt sind. Mit zunehmendem n bilden diese tangentialen Vektoren der Länge $\frac{1}{\sqrt{n}}$ den Einheitskreis immer exakter nach.

Kapitel 3

Moduli und Argumente der Vektoren

3.1 Moduli der Einzelvektoren und die Differenz ihrer Argumente

Auch die Größe $ln(n) - ln(n-1)$, welche den Winkel zwischen zwei aufeinanderfolgenden Vektoren(mit $n > 1$) der Zetafunktion (mit $Im(s) \pm 1$) beschreibt, findet sich in sehr guter Annäherung mehrfach in der zuletzt beschriebenen Figur.

Um dies näher zu erläutern soll auf die Beziehung zwischen den Funktionen $f(x) = \frac{1}{\sqrt{x}}$ und der Funktion $f(x) = ln(x)$ eingegangen werden:

Wie in Abbildung 3.1, Seite 17 dargestellt, nähert sich die Summe der Länge der Vektoren der Zetafunktion (mit $Re(s) = 0,5$) mit zunehmendem n immer genauer dem Integral der Funktion $f(x) = \frac{1}{\sqrt{x}}$ an, bildet dessen untere Grenze.

Die Winkel zwischen den Vektoren v_n und v_{n-1}(mit $n > 1$) der Zetafunktion (mit $Im(s) = 1$) bestimmen sich als Differenz der natürlichen Logarithmen der jeweiligen Zahlen n und $n-1$. Nun ist die Logarithmusfunktion eine Stammfunktion der Funktion $f(x) = \frac{1}{x}$, mithin die Differenz $ln(n) - ln(n-1)$ darstellbar als Fläche unterhalb der Kurve der Funktion $f(x) = \frac{1}{x}$ im Intervall mit den Grenzen

16

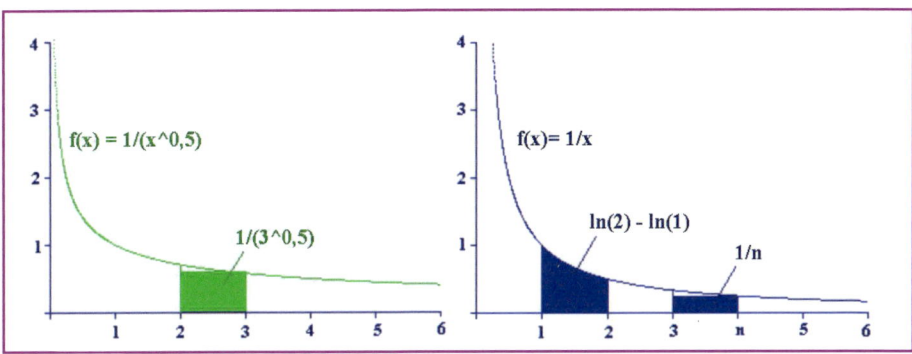

Abbildung 3.1:

Längen und Winkel der Vektoren und der Zusammenhang mit den Funktionen: $f(x) = \frac{1}{\sqrt{x}}$ und $f(x) = \frac{1}{x}$

n und $n-1$ (mit $n > 1$). Diese Fläche wird aber für große n immer besser angenähert durch den Wert $\frac{1}{n}$ (Abbildung 3.1 rechts), der wiederum dem Quadrat des Wertes $\frac{1}{\sqrt{n}}$ entspricht. Für große n entspricht die Differenz der Winkel zwischen zwei aufeinanderfolgenden Vektoren v_{n-1} und v_n immer genauer dem Wert $\frac{1}{n}$ und damit im Falle $Re(s) = 0,5$ und $Im(s) = \pm 1$ dem Quadrat der Länge des Vektors v_n.

3.2 Die Funktionen $f(n) = \frac{1}{\sqrt{(n-1)n}}$ und $f(n) = \frac{1}{\sqrt{n}}$

Noch genauer als durch den Wert $\frac{1}{n}$ wird die Differenz der Winkel zweier Vektoren n (mit $n > 1$)und $n-1$ angenähert durch die Größe $\frac{1}{\sqrt{n(n-1)}}$. In sie gehen beide Grenzen des Intervalls $[n, (n-1)]$ des Integrals der Funktion $f(x) = \frac{1}{x}$ ein. Mit dieser Größe erhalten wir von Beginn an eine sehr gute Annäherung an die Differenz der natürlichen Logarithmen von n und $n-1$. Wir begegnen dieser Größe $\frac{1}{\sqrt{n(n-1)}}$ auch bei der Spirale nach Pythagoras in Abbildung 2.2: Bei der auf den Nullpunkt zulaufenden Spirale im Inneren des Einheitskreises haben die

Segmente, welche letztlich die Spirale bilden, die Länge $\frac{1}{\sqrt{n(n-1)}}$. Die Länge dieser Spirale vom Punkt 1 auf der x–Achse bis zum Radius der Länge $\frac{1}{\sqrt{n}}$ entspricht dann sehr genau dem natürlichen Logarithmus von n. Diese Pythagoreische Spirale wird also aus Strecken der Längen $\frac{1}{\sqrt{n}}$ (als Radien), und $\frac{1}{\sqrt{n(n-1)}}$ (als Spiralsegmenten)gebildet. Beide Werte spielen aber bei der Zetafunktion im Falle von $Re(s) = 0,5$ als Länge der Vektoren und bei der Bestimmung der Differenz der Winkel zwischen aufeinanderfolgenden Vektoren eine entscheidende Rolle, wobei die Längen der Vektoren identisch sind, die Winkel zwischen den Vektoren bei der Zetafunktion im wesentlichen dem Quadrat der Winkel zwischen den Radien der Pythagoreischen Spirale, multipliziert mit dem Wert $Im(s)$ entsprechen.

3.3   Die Pythagoreische Spirale und eine Kreisteilung (II)

Addieren wir die Radien der innerhalb des Einheitskreises verlaufenden Pythagoreischen Spirale, wie wir dies von den Radien der logarithmischen Spirale bei der Zetafunktion kennen, so erhalten wir ein (etwas verschobenes) Abbild des Einheitskreises (Abbildung 3.2 rechts). Die Addition von Vektoren v_n, deren Länge jeweils dem Kehrwert der Quadratwurzel der ganzen Zahlen n entspricht, kann so als Lösung einer Kreisteilungsaufgabe aufgefasst werden. In einem solchen Falle können wir argumentieren, dass die Summe der beteiligten Vektoren Null ergibt, da der Graph ja immer wieder am Ausgangspunkt anlangt, sich die Summe der Vektoren also immer wieder aufhebt. Diese Betrachtungsweise gewinnt im Falle der nichttrivialen Nullstellen der Zetafunktion durchaus Gewicht.

Wie in Abbildung 2.2, Seite 15 zu sehen ist, bestimmen sich die Winkel zwischen den Radien der Pythagoreischen Spirale zu $\varphi = \arctan\left(\frac{1}{\sqrt{n}}\right)$. Dieser Winkel entspricht im Bogenmaß dem Segment des Einheitskreises, welches von den gegebenenfalls verlängerten Hypotenusen der rechtwinkligen Dreiecke ausgeschnitten wird. Die dem Einheitskreis tangential anliegenden Strecken, ebenfalls der Länge $\frac{1}{\sqrt{n}}$, bilden den Einheitskreis mit zunehmendem n immer perfekter ab. Mit zunehmendem n nähert sich der Winkel $\varphi = \arctan\left(\frac{1}{\sqrt{n}}\right)$ immer mehr dieser Größe $\frac{1}{\sqrt{n}}$ an. Erreicht der(aus den einzelnen Vektoren zusammengesetzte) Umfang den Wert 2π, so ist auch die Summe der Winkel zwischen den Vektoren annähernd 2π, mit jedem Umlauf wird diese Übereinstimmung noch exakter. So können die

Radien der konvergierenden Pythagoras-Spirale aneinandergesetzt den Einheitskreis nachbilden.

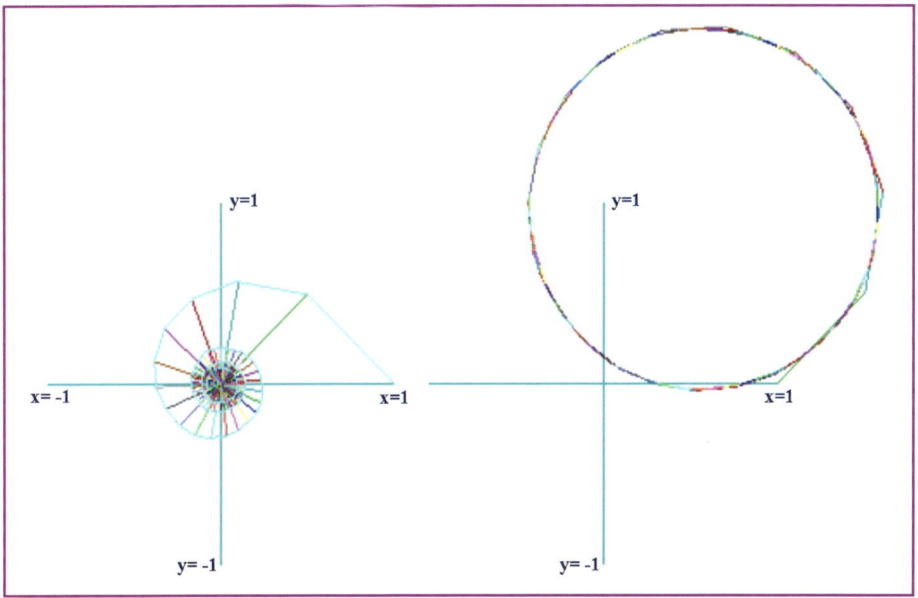

Abbildung 3.2: Spirale nach Pythagoras und die Teilung des Einheitskreises

Im Falle der Zetafunktion aber sind die Winkel für $s = 0,5 + 1 \cdot i$ zwischen den Vektoren n und $n-1$(mit $n > 1$) kleiner als die Winkel zwischen den tangentialen Vektoren entlang des Einheitskreises in Abbildung 3.2, Seite 19 rechts und sie entsprechen mit zunehmendem n immer exakter dem Quadrat dieser Winkel, so dass der Einheitskreis(Abbildung 3.2 rechts) auf eine Spirale (Abbildung 3.3, Seite 20, rechts) abgebildet wird, die wir im Fall der Zetafunktion sich so schön entwickeln sehen. Da für $s = 1+i$ die Moduli der Vektoren und die Differenzwinkel zwischen ihnen mit zunehmendem n immer ähnlicher werden und die Krümmung der resultierenden Vektorenkette sich dadurch der des Einheitskreises angleicht können wir in Abbildung 3.3, Seite 20 links im Verlauf der summierenden Zetafunktion die Nachbildung des (verschobenen) Einheitskreises erkennen.

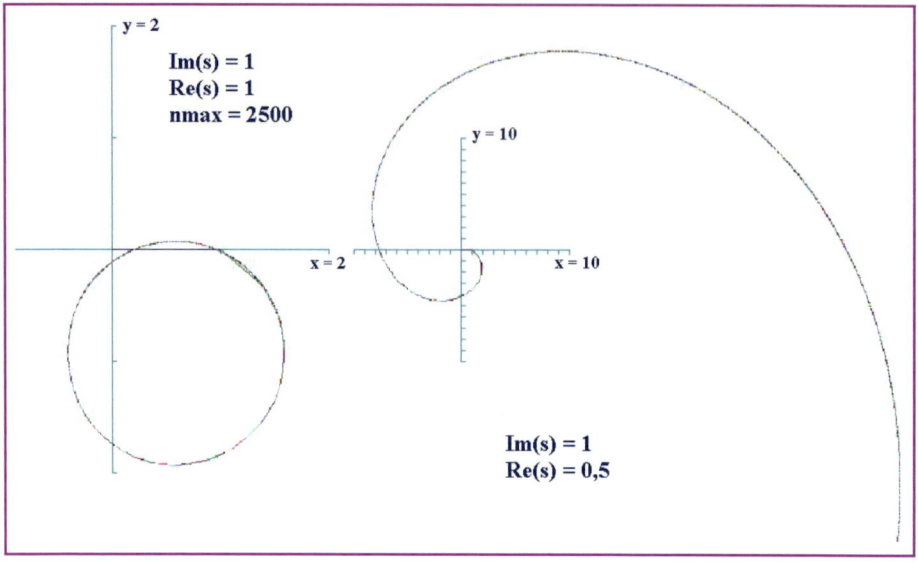

Abbildung 3.3:

$\zeta_{sum}(s)$ für $Im(s) = 1$, $Re(s) = 1$ (links) und $Re(s) = 0,5$ (rechts). (Abbildungsmaßstab unterschiedlich)

3.4 „Kontinuierliche " Zetafunktionen

Die Zetafunktion erhalten wir, indem wir die diskreten Vektoren $v_n = \dfrac{1}{n^s}$ für alle ganzen positiven Zahlen n mit $1 \leq n$ addieren.

In Abbildung 3.1, Seite 17, konnten wir erkennen, dass sich die Länge der einzelnen Vektoren für $Re(s) = 0,5$ angenähert als bestimmtes Integral der Funktion $f(x) = \dfrac{1}{\sqrt{x}}$ (bzw. allgemein für andere Werte von $Re(s)$ der Funktion $f(x) = \dfrac{1}{x^{Re(s)}}$) im Intervall von $n - 1$ bis n auffassen lässt, der Winkel zwischen den Vektoren als bestimmtes Integral der Funktion $f(x) = \dfrac{Im(s)}{x}$.

Damit können wir aber auch jedem beliebigen Intervall k der reellen Zahlen durch die Bildung der zugeordneten Integrale sowohl eine Länge als auch einen Winkel zuordnen. Wählen wir als Intervall 1, so ergeben sich hierdurch die Vektoren der Zetafunktion. Bei kleinerer Schrittweite bekommen wir eine größere Anzahl

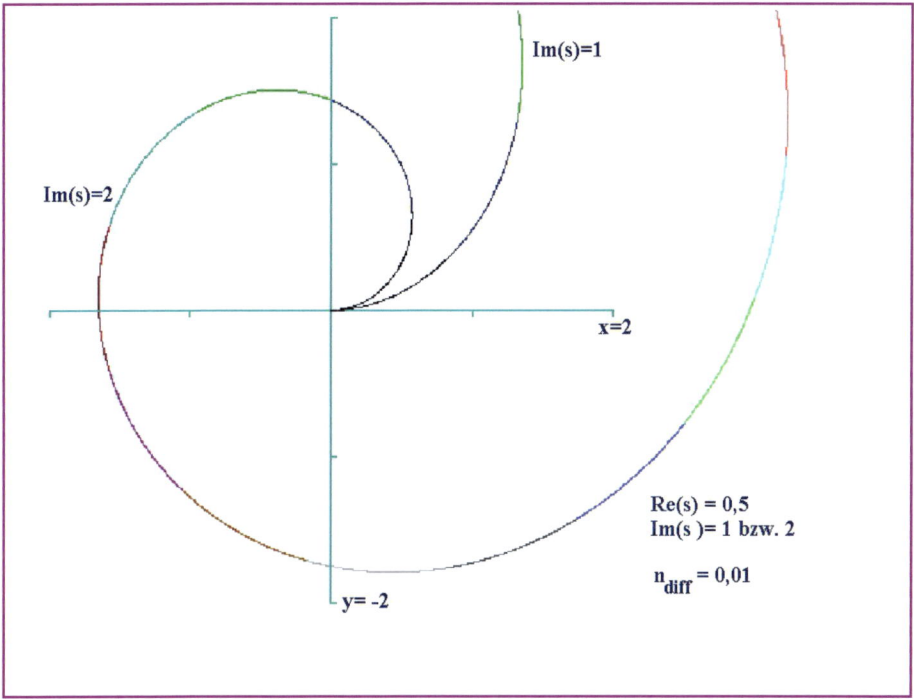

Abbildung 3.4:   „kontinuierliche" Zetafunktion, $Im(s) = 1$ und $Im(s) = 2$

kleinerer Vektoren, die wir wie bei der Zetafunktion addieren können. Sie bilden dann, in Abhängigkeit vom Wert $Im(s)$, eine sehr regelmäßige Spirale um den Nullpunkt, quasi eine „kontinuierliche" Zetafunktion.

Sie gleicht im Aspekt den Spiralen, die wir zuletzt als endgültige Spiralbewegung des Graphen im Falle der Zetafunktion erhalten(Abbildungen 3.4, 3.5 und 3.6, Seiten 21 und 23).

3.4.1   Kontinuierlicher Übergang der Vektoren

Wird $Im(s)$ sehr groß gegenüber dem Intervall k, so wird der Winkel zwischen den einzelnen Vektoren, ähnlich wie wir dies von den Bildern der Zetafunktion kennen, zu Beginn ein Mehrfaches von 2π sein. Die Verhältnisse zwischen den Winkeln entsprechen dabei weiterhin perfekt jenen der regelmäßigen Spirale. Da

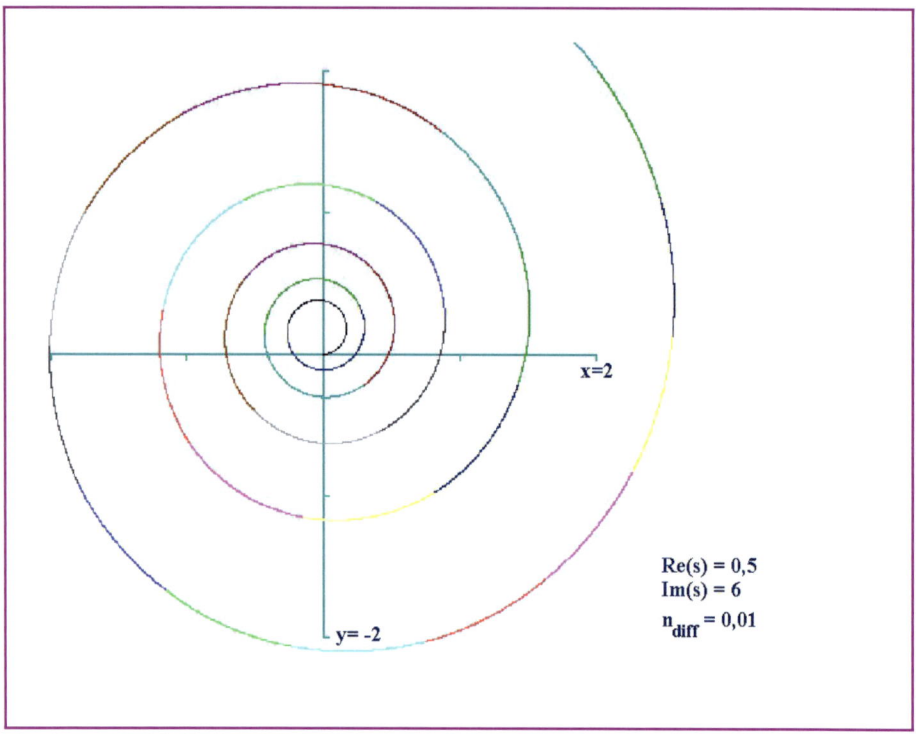

Abbildung 3.5: „kontinuierliche" Zetafunktion, $Im(s) = 6$

aber in der Abbildung nicht die wirklichen Winkel dargestellt werden, sondern immer nur der Winkel (modulo 2π), der über das im Winkel enthaltene Vielfache von 2π hinausgeht, können wir diese fortbestehende Harmonie zwischen den aufeinanderfolgenden Winkeln nicht mehr als solche wahrnehmen, da diese Restwinkel ein völlig anderes Verhältnis zueinander aufweisen als die vollen Winkel. Dadurch kann es bei hohem $Im(s)$ oder großer Schrittweite k bei diesen kontinuierlichen Zetafunktionen ebenfalls, wie wir es bei der Zetafunktion kennen, zu chaotisch anmutenden Schleifen vor der endgültigen Spiralbewegung um ein Zentrum kommen. Diese chaotisch anmutenden Verläufe sind aber nichts anderes als die Fortsetzung der regelmäßigen Spirale in anderem Gewande.

Ist der Wert von $Im(s)$ niedrig, so entsprechen die Winkel φ_n, die wir in den Abbildungen zwischen den einzelnen Vektoren sehen, eben dem Winkel ϕ_n zwischen den Vektoren v_{n-1} und v_n. Bei größeren Werten entsprechen diese Winkel

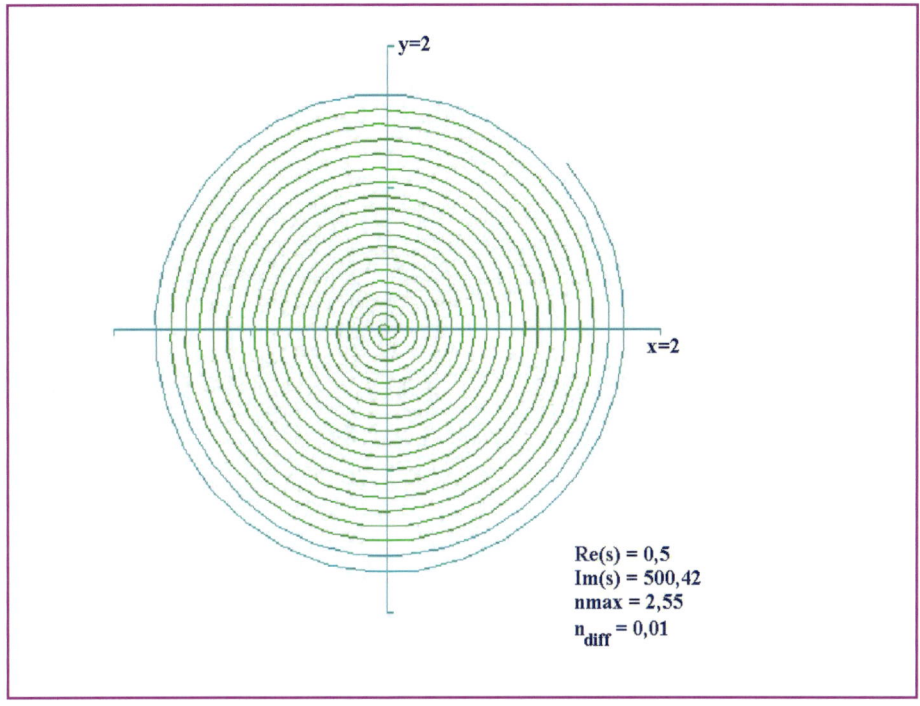

Abbildung 3.6:   „kontinuierliche" Zetafunktion, $s = 0,5 + 500,42$

ϕ_n aber der Summe aus einem Mehrfachen von 2π und dem Winkel φ_n, also gilt $\phi_n = k \cdot 2\pi + \varphi_n$. In den Abbildungen sehen wir dann immer nur den Winkel φ_n, dieser entspricht ϕ_n modulo 2π. Dieser Restwinkel φ_n, der verbleibt, wenn wir von ϕ_n das k-fache von 2π subtrahieren, entspricht nun in keiner Weise dem wirklichen Winkel ϕ_n, der „eigentlich" zwischen den Vektoren besteht.

Eine bessere Vorstellung von den wirklichen Verhältnissen vermitteln uns die Abbildungen 3.7, 3.8 und 3.9: In ihnen wird davon ausgegangen, dass sich der jeweilige Vektor v_n über einen Zwischenvektor v_f kontinuierlich in den Vektor v_{n+1} „verwandelt". Hierzu wird angenommen, dass sich die Basis des Vektors v_f allmählich auf dem Vektor v_n auf dessen Spitze zubewegt. Gleichzeitig verringert sich sein Modulus kontinuierlich, sein Argument nimmt aber kontinuierlich zu, entspricht jeweils dem entsprechenden natürlichen Logarithmus von f (des erreichten Zwischenwertes von n, nun mit $n \in \mathbb{R}$ als Element der reellen, nicht mehr der natürlichen Zahlen), multipliziert mit $Im(s)$. Wir errechnen also für al-

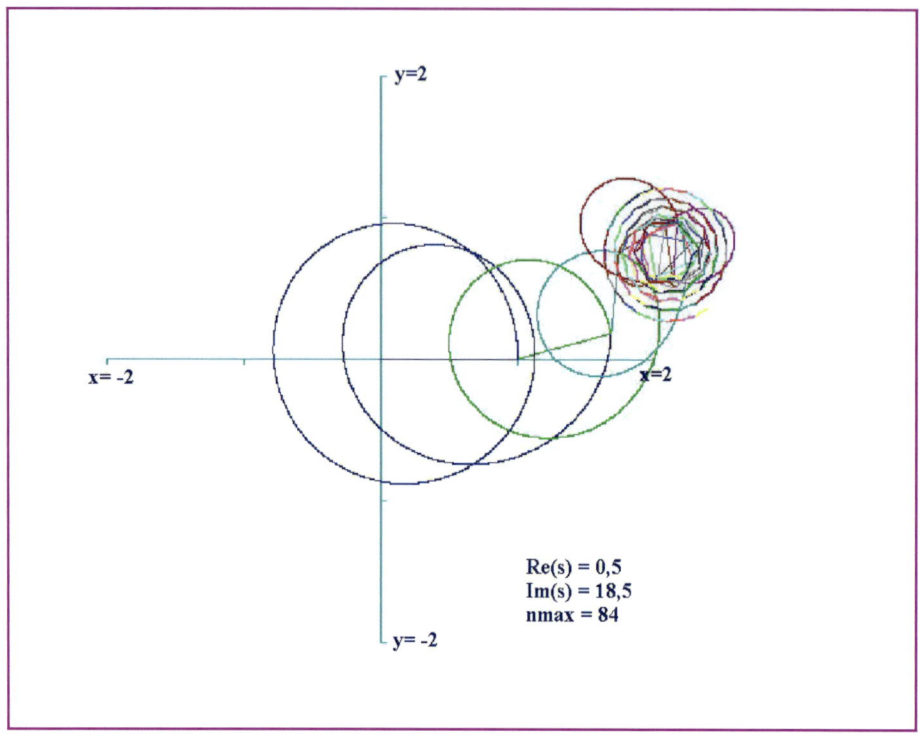

Abbildung 3.7:

„kontinuierliche" Zetafunktion durch kontinuierlichen Übergang der Vektoren v_n zu v_{n+1} bei niederem Wert von $Im(s)$

le Zwischenwerte f zwischen den ursprünglichen natürlichen Zahlen n und $n+1$ Argument und Modulus des entsprechenden Vektors v_f. Der Vektor v_f rotiert hierbei durch die stetige Zunahme seines Argumentes um seine Basis, die sich auf dem Vektor v_n kontinuierlich zu dessen Spitze bewegt. Erreicht er sie, so nehmen sein Argument und sein Modulus eben die entsprechenden Werte des Vektors v_{n+1} an.

Für die Berechnung der Position der Basis des Vektors v_f auf dem Vektor v_n gibt es mehrere Möglichkeiten, die aber letztlich von nicht allzu großer Bedeutung sind. In den entsprechenden Abbildungen wurde dieser Punkt jeweils so berechnet: Für das Intervall δ zwischen der natürlichen Zahl n und f gilt: $\delta = f - n$. Der Wert von δ liegt dabei im Bereich $0 \leq \delta \leq 1$. Der Modulus des Vektors v_n

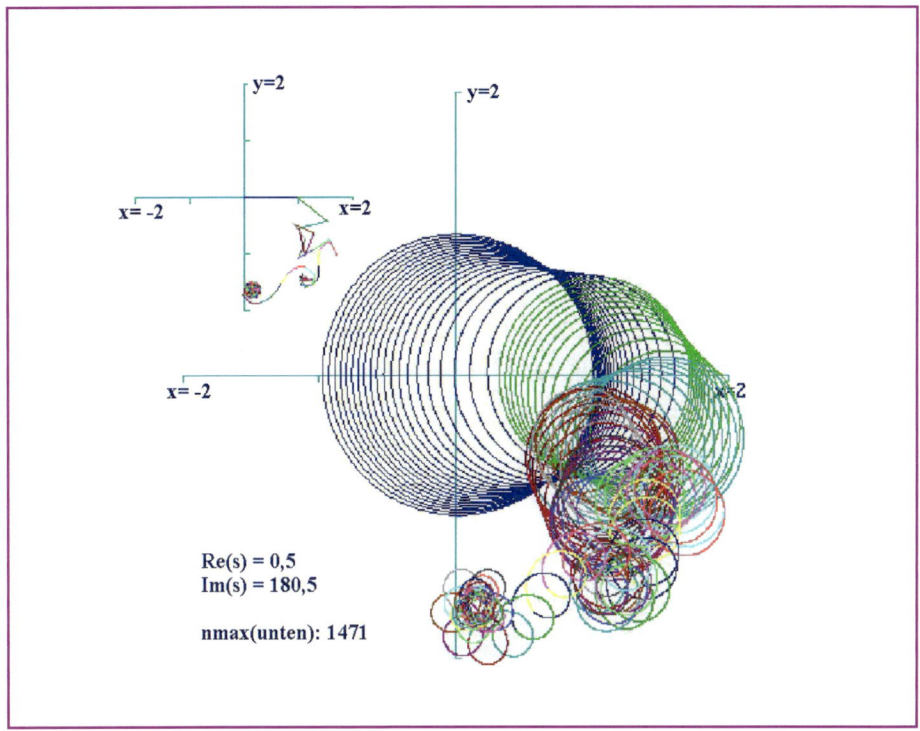

Abbildung 3.8:

„kontinuierliche" Zetafunktion durch kontinuierlichen Übergang der Vektoren v_n zu v_{n+1}

wird nun multipliziert mit dem Faktor $p_f = \delta$. Die so erhaltene Größe gibt uns die Entfernung der Basis des Vektors v_f auf dem Vektor v_n zu beliebigen Zeitpunkten an. (Eine andere Möglichkeit, die auch sehr schöne Ergebnisse liefert ist die Berechnung $p_f = \delta^2$).

Im Ergebnis erhalten wir einen kontinuierlichen Übergang des Vektors v_n zum Vektor v_{n+1}. Zeichnen wir immer nur die Spitze von v_f, so sehen wir eine mit höherem $Im(s)$ immer enger gewundene spiralförmige Figur, an welcher wir dann auch erkennen können, wie die Winkel zwischen den Vektoren mit höherem n immer kleiner werden, die Zahl der Umdrehungen des Vektors v_f beim Übergang von n zu $n + 1$ sukzessive abnimmt. Entsprechen die Winkel zwischen den Vektoren zunächst einem Mehrfachen von 2π, so reduziert sich die Anzahl der

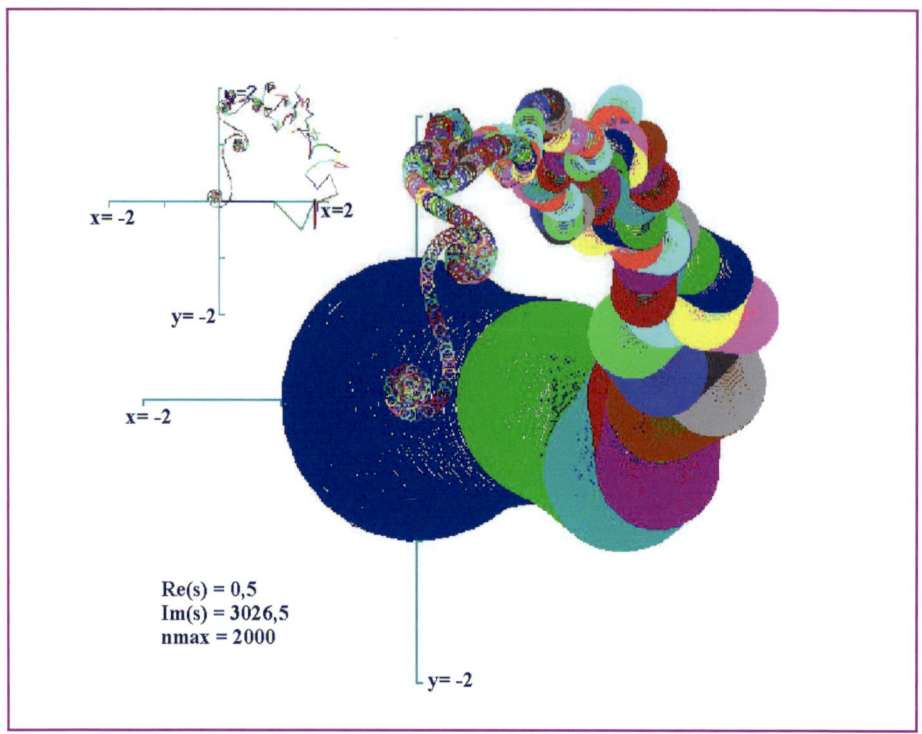

x= -2   x=2

y= -2

x= -2

Re(s) = 0,5
Im(s) = 3026,5
nmax = 2000

y= -2

Abbildung 3.9:

„kontinuierliche" Zetafunktion durch kontinuierlichen Übergang der Vektoren v_n zu v_{n+1} bei höherem Wert von $Im(s)$

Windungen beim Übergang von n zu $n+1$ mit jeder Zwischenspirale („Spiralwirbel") um eins, bis sie in der endgültigen Spiralbewegung dann den Vektoren v_n immer ähnlicher werden und lediglich noch einen einfachen Bogen von Basis zu Spitze der Vektoren bilden und so die Zetafunktion immer exakter nachbilden.

3.5   Flächen der Spiralsegmente

Die logarithmische Spirale, welche wir in Gleichung 2.1, Seite 14, kennengelernt haben, bei der die Verhältnisse der Längen der Radien und der Winkel zwischen ihnen jenen der Zetafunktion mit $s = 0,5 + i$ entsprechen, zeichnet sich noch in anderer Weise aus:

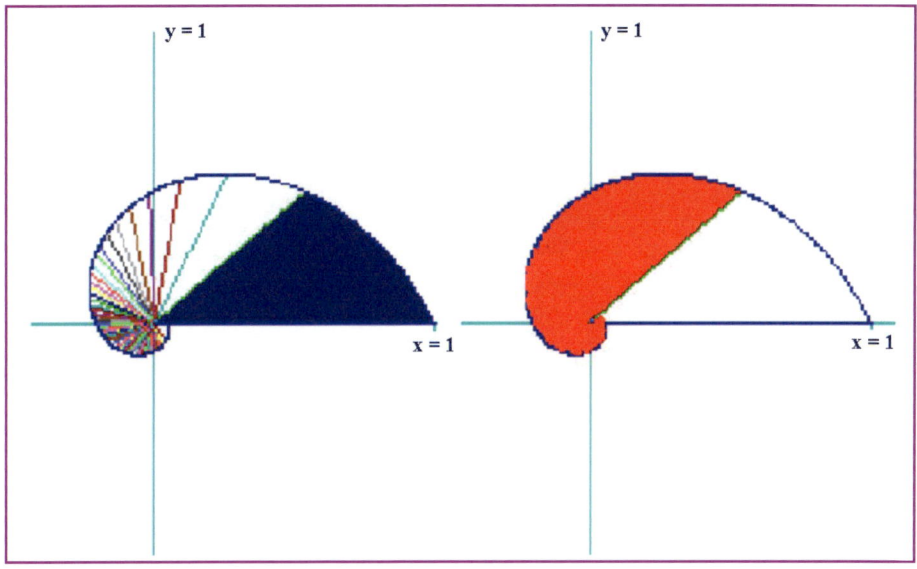

Abbildung 3.10:

Äquivalenz der Segmentflächen, Moduli und Argumente der Radien entsprechen jenen der Vektoren der Zetafunktion mit $Re(s) = 0,5; Im(s) = -1$

Wir können den Flächeninhalt der Segmente der logarithmischen Spirale berechnen. Eine Überlegung soll hier nur angedeutet werden:

Für sehr große Werte von n liegen die einzelnen Vektoren der Zetafunktion sehr dicht beieinander, da die Differenz ihrer Argumente sehr klein wird. Die Vektoren füllen dann die Fläche innerhalb der Spirale nahezu vollständig aus. Diese kann uns somit quasi als Maß für die Summe der Vektoren dienen.

Nehmen wir nun die zwei Vektoren mit $n = 1$ und $n = 2$: Wir beginnen mit dem Vekor n als Anfangsvektor. Die Summe aller Vektoren mit $n \geq 2$ muss -1 ergeben, dann heben sich die beiden Partialsummen eben auf, die alternierende Zetafunktion kann eine Nullstelle entwickeln.

Die Fläche eines Segmentes der logarithmischen Spirale zwischen zwei Radien, für den Fall, ein Radius strebt gegen Null, berechnet sich zu:

$$A = \frac{r^2}{4k}$$

Im Falle von $Re(s) = 0,5$ und $Im(s) \pm 1$ errechnet sich der Flächeninhalt des Segmentes vom Vektor v_n mit $n = 2$ bis zur asymptotischen Annäherung der Spirale an den Nullpunkt zu

$$A = \frac{1}{2^{2Re(s)}} * \frac{1}{4k} = \frac{1}{8k}$$

die Fläche im Segment vom Vektor mit $n = 1$ bis zur Annäherung an den Null-punkt:

$$A = \frac{1}{4k}$$

Damit wird die die Fläche des Segmentes zwischen den Vektoren mit $n = 1$ und $n = 2$

$$A = \frac{1}{4k} - \frac{1}{8k} = \frac{1}{8k}$$

Die beiden in Abbildung 3.10, Seite 27, dargestellten Flächen sind also gleich groß, es könnte damit die Voraussetzung gegeben sein, dass, nach einer entsprechenden Drehung und Streckung beider Flächen durch geeignete Werte von $Im(s)$, sich die Summen der Flächen innerhalb der Spirale, welche ein Maß für den Beitrag der dem Segment zugeordneten Vektoren bilden, aufheben können. Da der Wert von $Im(s)$ als Teil des Faktors k die Größe beider Flächen in gleicher Weise beeinflusst, ändert sich hierdurch nichts am allein wichtigen Größenverhältnis beider Flächen. Immerhin sehen wir wiederum an diesen Zusammenhängen, dass der Wert $Re(s) = 0,5$ sich gegenüber anderen Werten für $Re(s)$, für welche diese zwei Flächen nicht gleich groß werden, auszeichnet.

Kapitel 4

Verlauf für unterschiedliche Werte von s

4.1 Veränderungen von $Im(s)$ bei konstantem $Re(s)$

Beginnen wir bei $Im(s) = 0$, und betrachten die Entwicklung des Verlaufs der Zetafunktion mit zunehmender Größe von $Im(s)$: Im Falle der ursprünglichen Zetafunktion liegen mit $Im(s) = 0$ alle Vektoren in der x–Achse. Auch die Vektoren der alternierenden Zetafunktion liegen dann sämtlich in der x–Achse. Mit zunehmendem $Im(s)$ nimmt der Winkel zwischen den Vektoren proportional zu, die Zetafunktion „entfaltet" sich in die komplexe Zahlenebene.

Dabei drehen sich die Vektoren um die Spitze von Vektoren, welche sich wiederum um die Spitze von Vektoren drehen .... Dies verdeutlicht Abbildung 4.1 für die ersten drei Vektoren bzw. den dritten Vektor der Zetafunktion.

Die Dynamik dieser Entwicklung wird in Abbildung 4.2 noch etwas besser ersichtlich:

4.2 Veränderungen von $Re(s)$ bei konstantem $Im(s)$

Bei konstantem Wert von $Im(s)$ verändern sich die Winkel zwischen den einzelnen Vektoren nicht, wohl aber durch jede Änderung von $Re(s)$ das Verhältnis der

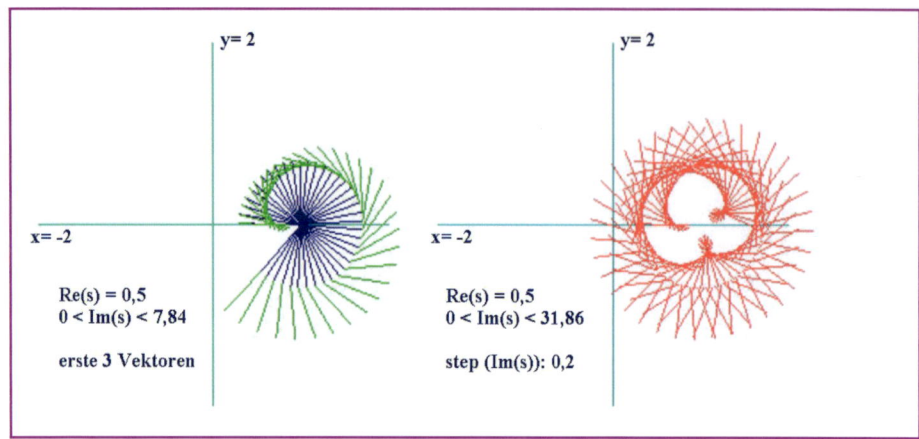

Abbildung 4.1:

Veränderung des Verlaufs der alternierenden Zetafunktion für unterschiedliche Werte von $Im(s)$, links: erste drei Vektoren dargestellt, rechts allein die jeweilige Lage des dritten Vektors (Dieser ist links grün, rechts rot dargestellt).

Länge der Vektoren untereinander(wobei diese Veränderung für größere n proportional größer ist als für kleinere n). Dies führt fast immer zu unterschiedlichen Konvergenzpunkten für jeden Wert von $Re(s)$ (Abbildung 4.3, Seite 32):

Wir können dies, wie später noch genauer dargestellt werden soll, auch durch eine Linie darstellen, auf welcher sich der Konvergenzpunkt bewegt, wenn sich der Wert von $Re(s)$ von 1 gegen 0 verändert.

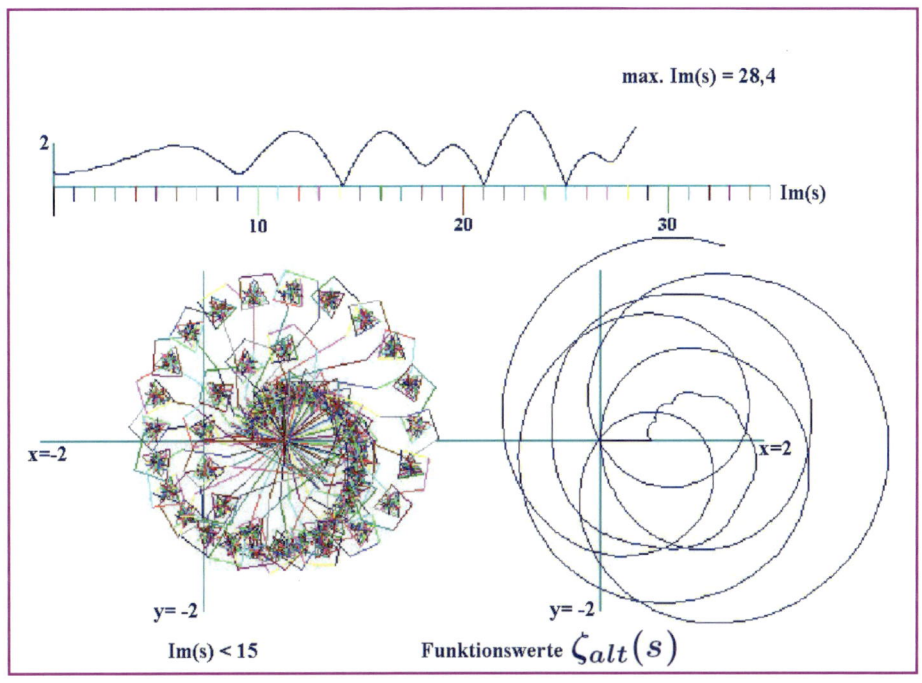

Abbildung 4.2:

Verlauf der alternierenden Zetafunktion $(Re(s) = 0,5)$ für unterschiedliche Werte von $Im(s)$, oben Betrag der Funktionswerte, unten links Darstellung der Vektorenkette, rechts unten jeweilige Lage des Konvergenzpunktes

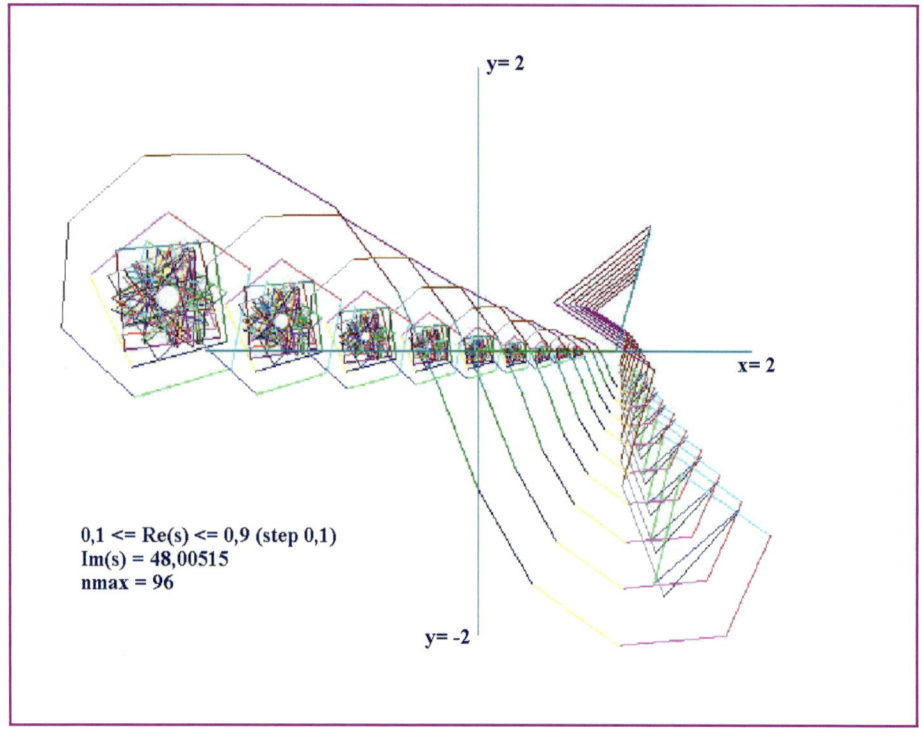

Abbildung 4.3:

Verschiebung des Konvergenzpunktes bei unterschiedlichem $Re(s)$, konstantem $Im(s)$

Kapitel 5

Nullstellen der alternierenden Zetafunktion

5.1 Nullstellen der Zeta- und der Etafunktion

Für bestimmte Werte von $Re(s)$ und $Im(s)$ konvergiert die alternierende Zetafunktion am Nullpunkt. Diese sogenannten nichttrivialen Nullstellen interessieren wegen ihrer Bedeutung für die Zahlentheorie.

Betrachten wir den Verlauf für (angenäherte)Werte von s, welche bekanntlich mit einer nichttrivialen Nullstelle der alternierenden Zetafunktion verbunden sind(Abbildung 5.1 und 5.2, Seite 34):

z.B. $s = 0.5 + 14,1347251 \cdot i$ und $s = 0.5 + 48,005150 \cdot i$

Wir sehen den Verlauf der alternierenden sowie der ursprünglichen, aufsummierenden Zetafunktion:

Überraschenderweise markieren beide Funktionen den Nullpunkt, die alternierende Zetafunktion, indem sie erkennbar an diesem Punkt konvergiert, die divergierende Zetafunktion aber, indem sie den Nullpunkt zum Mittelpunkt einer sich stetig vergrößernden Spirale macht. (Dabei ist zu beachten, dass für Werte von Re(s), welche nicht zu einer Nullstelle der alternierenden Zetafunktion führen, der Konvergenzpunkt der letzteren und das Zentrum der divergierenden

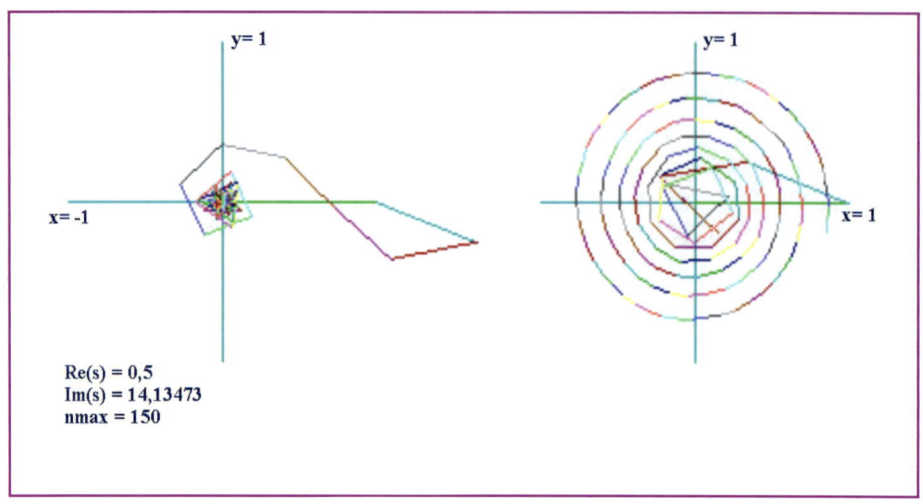

Abbildung 5.1:

Alternierende(links) und aufsummierende Zetafunktion(rechts)(I)

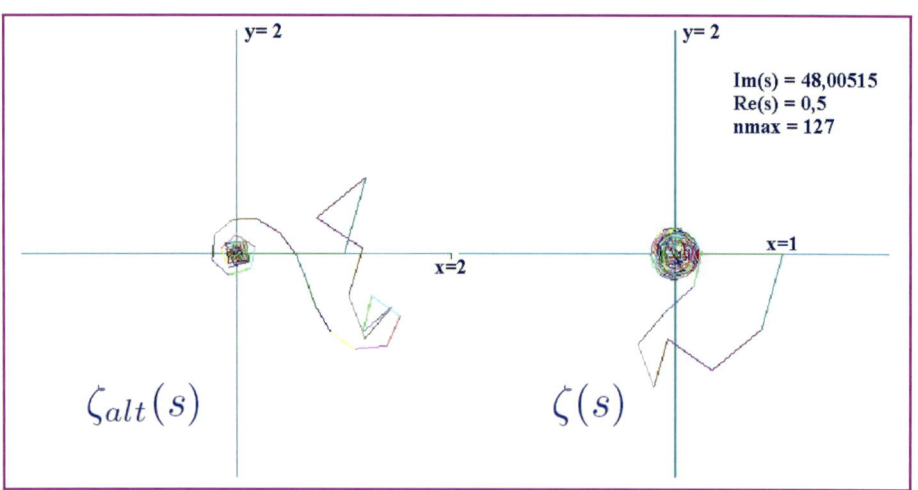

Abbildung 5.2:

Alternierende(links) und aufsummierende Zetafunktion(rechts)(II)

Spiralbewegung der Zetafunktion nicht zusammenfallen, da dann ja noch nach Gleichung (1.2, Seite 8) die Multiplikation mit dem Faktor $(1 - 2^{1-s})$ zu berücksichtigen ist, durch welche die beiden Funktionen miteinander verbunden sind). Der Mittelpunkt der endgültigen (divergierenden) Spiralbewegung der summierenden Zetafunktion fällt mit dem Funktionswert der Riemannschen Zetafunktion zusammen. Diese muss ja bei einer Nullstelle der Etafunktion für Werte von s innerhalb des kritischen Streifens($Re(s) < 0$) ebenfalls eine Nullstelle aufweisen.

5.2 Teilfunktionen und Nullstellen

Betrachten wir die zwei Teilfunktionen $\zeta_{odd}(s)$ und $\zeta_{even}(s)$, welche als Summe $\zeta(s)$, in der Differenz $\zeta_{alt}(s)$ ergeben, für den Wert von $s = 14,1347\ldots$, der mit der ersten nichttrivialen Nullstelle der Zetafunktion verbunden ist:

Wie in Abbildung 5.3 dargestellt, erleben wir ein beeindruckendes Schauspiel: Nach zunächst eher chaotisch anmutendem Verlauf treffen sich beide Teilfunktionen sehr dicht beim Nullpunkt, zwei ihrer Vektoren dabei fast senkrecht, dann beginnt die endgültige Spiralbewegung beider Teilfunktionen. (Allerdings ist dieses Muster variabel, sonst ergäbe sich hierdurch die Möglichkeit, den Imaginärwert der nichttrivialen Nullstellen einfacher durch eine Formel zu berechnen.) Die Graphen der zwei Teilfunktionen verlaufen dann spiralförmig um den Nullpunkt, innig miteinander verwoben, wobei die Distanz zweier zugeordneter Vektoren sich immer mehr reduziert.

5.3 Einzelne Abschnitte

In mehreren Abbildungen haben wir typische Verläufe der Zeta- und der Etafunktion gesehen. Diese nehmen ihren Weg in der geometrischen Darstellung zunächst recht chaotisch anmutend, wobei die resultierende Figur langgestreckt oder auch im Ganzen oder in Teilen auch gefaltet, „geknäuelt" erscheinen mag. Daran schließt sich eine Folge von Segmenten an, die in der Form an einen Violinschlüssel erinnern, zunächst kurz sind und aus wenigen Vektoren bestehen, dann immer größer werden und sehr viele Vektoren enthalten können. Zuletzt schließt sich bei allen konvergierenden Funktionen, z.B. der Etafunktion, eine sternförmige Konvergenzfigur an, bei den divergierenden Funktionen, z.B. der aufsummierenden Zetafunktion, eine spiralförmige Figur, welche mit zunehmendem n immer größer wird.

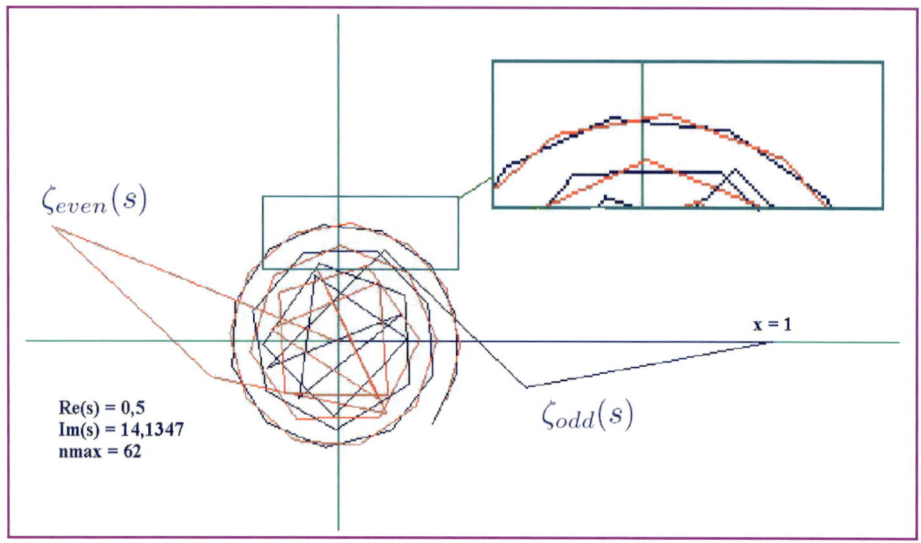

Abbildung 5.3:

Verlauf von $\zeta_{odd}(s)$und $\zeta_{even}(s)$(Nullstelle der alternierenden Zetafunktion)

Wir können diese Abschnitte näher erfassen:

Zunächst zur endgültig divergierenden spiraligen Figur, welche sich für hohe Werte von n bei den divergierenden Funktionen ergibt: Bei der Zetafunktion beginnt diese, wenn der Winkelzuwachs von einem Vektor n_k zum nächsten Vektor n_{k+1} gleich oder erstmals geringer ist als π. Dann sind diese zwei Vektoren entgegengesetzt, im weiteren schließt sich dann die Bildung der divergierenden Spirale an, deren Mittelpunkt hinreichend genau als Mittelpunkt zwischen den Mittelpunkten der besagten Vektoren n_k und n_{k+1} angenommen werden kann.

Der Vektor n_k, für welchen der Winkelzuwachs zum anschließenden Vektor gleich π ist, lässt sich näherungsweise recht gut bestimmen: es muss dann gelten:

$$Im(s)\frac{1}{n_k} = \pi$$

$$n_k = \frac{Im(s)}{\pi}$$

Wollen wir den Punkt K genauer (über die Bestimmung der beiden Mittelpunkte der Vektoren n_k und n_{k+1}) lokalisieren, so können wir z.B. rechnen:

$$K = \frac{1}{2}\left(\sum_{n=1}^{k}\frac{1}{n^s} - \frac{1}{2}\frac{1}{n_k^s} + \sum_{n=1}^{k+1}\frac{1}{n^s} - \frac{1}{2}\frac{1}{n_{k+1}^s}\right)$$

Der Punkt K entspricht dann, wie an anderer Stelle gezeigt wurde(vgl. Abbildung 1.5, Seite 9), recht genau dem Funktionswert der Riemannschen Zetafunktion.

Diese Beobachtung kann uns vielleicht zeigen, dass die Mathematik, die Natur oder wer auch immer, „eigentlich möchte", dass wir die Summe der Vektoren der endlos divergierenden Spirale doch als Null betrachten. Würden wir nicht die Summe der einzelnen Vektoren betrachten, sondern die Summen der Partialsummen, den Durchschnittswert aller Partialsummen, die bei der Addition der einzelnen Vektoren entstehen, oder dann die Summen der Summen der ... der Partialsummen, dann würden wir als Funktionswert der summierenden Zetafunktion denselben Wert erhalten wie im Falle der Riemannschen Zetafunktion.

Aus historischen Gründen wird die Zetafunktion in Diagrammen dargestellt, in welchen die einzelnen Vektoren mit größerem $Re(s)$ immer kleiner werden und damit die Zetafunktion für positive Werte von $Re(s) \geq 1$ konvergiert. Eigentlich würde es auch Sinn machen, das Diagramm nicht für die Werte von $n^{-Re(s)}$ zu zeichnen, sondern für $n^{Re(s)}$. Wir müssten die Diagramme der Werte der Zetafunktion dabei „umklappen", der kritische Streifen würde dann im Bereich $-1 < Re(s) < 0$ zu liegen kommen. Der Charme einer solchen Darstellung wäre, dass dann, gehen wir im Diagramm um eine Einheit nach rechts, jeder Einzelvektor v_n der Funktion mit $Re(s) = x$ angenähert der Summe der Einzelvektoren v_m für $Re(s) = x - 1$ und $(1 \leq m \leq n)$ multipliziert mit x entspricht auf Grund der Beziehung:

$$\int x^n dx = \frac{x^{n+1}}{n+1} \quad (n \neq -1)$$

Jeder Vektor einer Funktion $\zeta(s)$ würde dann also ein Mehrfaches der Summe, – diese wiederum die untere Grenze des Integrals der zugeordneten Funktion $f(x) = x^{Re(s-1)}$ –, der Vektoren der Funktion mit $Re(s-1)$ bis zum jeweiligen Wert von n darstellen. (Diese Beziehung ist auch jetzt gegeben, etwas kontraintuitiv müssen wir uns zur Integration im Diagramm der Zetafunktion aber nach links, hin zu kleineren Werten von $Re(s)$ bewegen).

Der regelmäßiger erscheinende Teil der Zetafunktion mit den aufeinander folgenden geschwungenen Segmenten beginnt, wenn von einem Vektor v_n aus betrachtet, der Winkelzuwachs zum vorhergehenden Vektor v_{n-1} und der Zuwachs zum nachfolgenden Vektor Vektor v_{n+1} jeweils geteilt durch 2π denselben Integerwert ergeben. Zeichnen sich doch die Vektoren eines Segmentes dadurch aus, dass sie derselben „Periode" $k\pi$ angehören.

Wir können diesen Vektor v_n zumindest ungefähr bestimmen durch folgende Berechnung:

$$\left(\varphi_{v_{n+1}} - \varphi_{v_n}\right) - \left(\varphi_{v_n} - \varphi_{v_{n-1}}\right) = 2\pi$$

Sind wir uns des (geringen) Fehlers bewusst, den wir machen, wenn wir anstelle der Differenz der Logarithmen zweier Zahlen $n+1$ und n den Kehrwert $\frac{1}{n+1}$ setzen, dann können wir

$$(Im(s)ln(n) - Im(s)ln(n-1)) - (Im(s)ln(n+1) - Im(s)ln(n)) = 2\pi$$

auch ersetzen durch:

$$Im(s)\left(\frac{1}{n} - \frac{1}{n+1}\right) = 2\pi$$

$$\left(\frac{1}{n} - \frac{1}{n+1}\right) = \frac{2\pi}{Im(s)}$$

$$\frac{n+1-n}{n^2+n} = \frac{2\pi}{Im(s)}$$

$$\frac{1}{n^2+n} = \frac{2\pi}{Im(s)}$$

$$n^2+n = \frac{Im(s)}{2\pi}$$

Dies lässt sich auflösen zu:

$$n_1, n_2 = \frac{-1 \pm \sqrt{1 + 2\frac{Im(s)}{\pi}}}{2}$$

Zumindest in der Größenordnung lässt sich somit der Beginn des Abschnittes der geschwungenen Segmente zu

$$n \approx \sqrt{\frac{Im(s)}{2\pi}}$$

bestimmen. Dies entspricht der Quadratwurzel des Wertes für n des Vektors v_n, der die Mitte des letzten geschwungenen Segmentes der Zetafunktion bildet.

(Die Fehler, die wir bei der Abschätzung des Winkels und bei den Vereinfachungen der Berechnung gemacht haben, bleiben zu beachten)

Deutlich wird dies insbesondere an den längeren Segmenten. Bei der summierenden Zetafunktion entspricht der Winkelzuwachs δ_φ von einem Vektor zum jeweils nächstfolgenden im letzten Segment vor Beginn der endgültigen Spiralbewegung jeweils $2\pi \pm \phi$ mit $0 < \phi < \pi$. δ_φ beträgt dabei in der Mitte des Segmentes nahezu exakt 2π, weshalb ein Teilstück bei der Summation der Vektoren fast geradlinig wird.

Bei der alternierenden Zetafunktion hingegen beträgt der Winkelzuwachs in diesem Segment $\delta_\varphi = \pi \pm \phi$, wiederum mit $0 < \phi < \pi$.

Im zweitletzten Segment beträgt δ_φ dagegen bei der summierenden Zetafunktion $\delta_\varphi = 4\pi \pm \phi$, wiederum mit $0 < \phi < \pi$, bei der alternierenden Zetafunktion: $\delta_\varphi = 3\pi \pm \phi$, mit $0 < \phi < \pi$. Entsprechendes ergibt sich für die „Knäuel" zwischen den geschwungenen Segmenten, sozusagen den „Knoten" zwischen diesen. Diese ergeben sich bei der summierenden Zetafunktion für ungerade Vielfache von π, bei der alternierenden Zetafunktion für gerade als Werte des Winkelzuwachses δ_φ zwischen aufeinanderfolgenden Vektoren.

5.4   Symmetrie der Etafunktion I

Die Verläufe der Etafunktion für unterschiedliche Werte von s zeigen bestimmte Regelmäßigkeiten. Manchmal zeigt sich der Graph der Etafunktion als gestreckte Figur, manchmal „ verknäuelt" , insbesondere weisen Anfangs- und Endteil des Graphen diesbezüglich Ähnlichkeiten auf. Nun finden wir, dass wir das Bild der Funktion $\zeta_{odd}(s)$ für den Wert $Re(s) = 0,5$ mit dem Betrag von 2^s multiplizieren und die resultierende Kurve durch Rotation mit dem Bild der Etafunktion überlagern können. Noch überraschender ist allerdings, dass wir den Abschnitt der Etafunktion, welcher sich aus den spiralig geschwungenen Abschnitten zusammensetzt, ebenfalls mit dem Anfangsteil der mit dem Betrag von 2^s multiplizierten und dann noch passend rotierten und verschobenen Funktion $\zeta_{odd}(1-s)$ überlagern können. Diese Überlagerung ist sehr exakt. Illustriert wird dies z.B. in Abbildung 5.4, Seite 40:

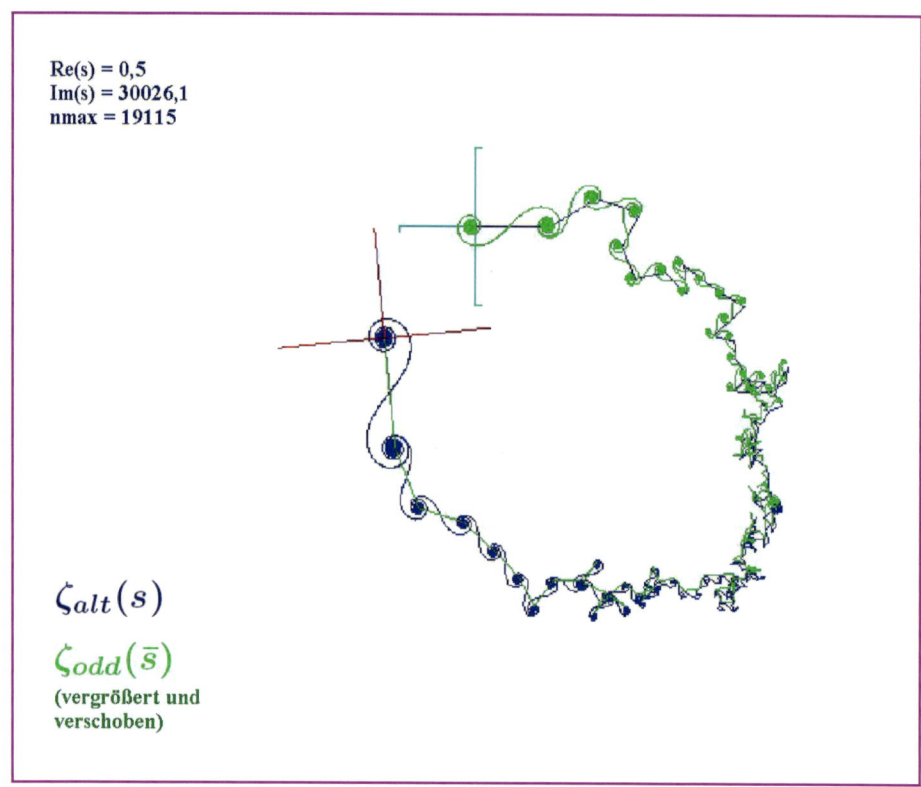

Re(s) = 0,5
Im(s) = 30026,1
nmax = 19115

$\zeta_{alt}(s)$

$\zeta_{odd}(\bar{s})$

(vergrößert und
verschoben)

Abbildung 5.4:

Überlagerung des Verlaufes der alternierenden Zetafunktion sowie der vergrößerten und verschobenen(rotes Koordinatensystem) Funktion $\zeta_{odd}(1-s)$, für $Re = 0,5$ im gezeigten Beispiel identisch mit $\zeta_{odd}(\bar{s})$

Zunächst gilt: $\zeta_{alt}(s) = \left(1 - \dfrac{2}{2^s}\right)\zeta(s)$

und

$$\zeta_{odd}(s) = \left(1 - \frac{1}{2^s}\right)\zeta(s)$$

Wir können somit die alternierende Zetafunktion aus der Funktion $\zeta_{odd}(s)$ er-rechnen: Wir erhalten:

$$\frac{1}{\left(1 - \frac{2}{2^s}\right)}\zeta_{alt}(s) = \zeta(s)$$

$$\frac{1}{\left(1 - \frac{1}{2^s}\right)}\zeta_{odd}(s) = \zeta(s)$$

Somit gilt:

$$\frac{1}{\left(1 - \frac{2}{2^s}\right)}\zeta_{alt}(s) = \frac{1}{\left(1 - \frac{1}{2^s}\right)}\zeta_{odd}(s)$$

Hieraus folgt:

$$\zeta_{alt}(s) = \frac{\left(1 - \frac{2}{2^s}\right)}{\left(1 - \frac{1}{2^s}\right)}\zeta_{odd}(s)$$

(Dargestellt in Abbildung 5.5 für den Wert $Re(s) = 0,4$)

Für den Wert $Re(s) = 0,5$ gilt: $n^s n^{\bar{s}} = n$.

So können wir den Faktor $p = \dfrac{\left(1 - \dfrac{2}{2^s}\right)}{\left(1 - \dfrac{1}{2^s}\right)}$

umformen zu $p = \dfrac{2^s - 2}{2^s - 1} = \dfrac{2^s - 2^s 2^{\bar{s}}}{2^s - 1} = \dfrac{2^s(1 - 2^{\bar{s}})}{2^s - 1}$

Da $-1(1 - 2^{\bar{s}}) = (2^{\bar{s}} - 1)$, können wir p bestimmen zu:

$$p = -\frac{2^s(2^{\bar{s}} - 1)}{2^s - 1}$$

Es ist also:

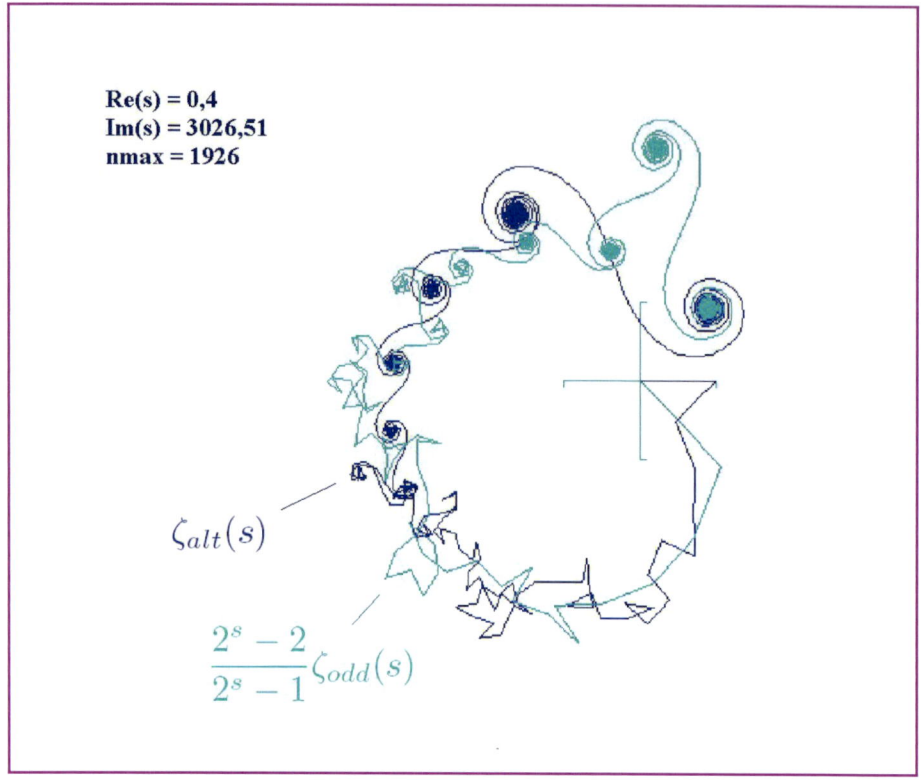

Re(s) = 0,4
Im(s) = 3026,51
nmax = 1926

$\zeta_{alt}(s)$

$$\frac{2^s - 2}{2^s - 1}\zeta_{odd}(s)$$

Abbildung 5.5:

Darstellung des Zusammenhanges $\zeta_{alt}(s) = \dfrac{\left(1 - \dfrac{2}{2^s}\right)}{\left(1 - \dfrac{1}{2^s}\right)}\zeta_{odd}(s)$

$$\zeta_{alt}(s) = -\frac{2^s(2^{\bar{s}} - 1)}{2^s - 1}\zeta_{odd}(s)$$

Der Faktor p hat für $Re(s) = 0,5$ dabei den Modulus von 2^s, das Argument von 2^s wird dabei zum doppelten Argument des Wertes von $2^{\bar{s}} - 1$ addiert(da im Bruch ja zwei konjugierte Zahlen dividiert werden, dieser Quotient damit den Modulus 1 und das doppelte Argument des Wertes im Zähler annimmt).

So wird auch nachvollziehbar, warum (z.B. in Abbildung 5.5 für $Re(s) = 0,4$)

die Funktion $\zeta_{odd}(s)$, rotiert und gestreckt mit dem Faktor p den Verlauf der alternierenden Zetafunktion so schön nachbildet.

Noch exakter können wir die alternierende Zetafunktion nachbilden, wenn wir die Funktion $2^s\zeta_{odd}(1-s)$, für $Re(s) = 0,5$ identisch mit $2^s\zeta_{odd}(\bar{s})$, diese, konjugiertes Gegenstück zur Funktion $2^s\zeta_{odd}(s)$, so verschieben, dass ihr erster Vektor auf dem letzten geschwungenen Segment der alternierenden Zetafunktion zu liegen kommt. Es ist schon zunächst erstaunlich, wie die Vektoren der einen und die geschwungenen Segmente der anderen übereinstimmen.

Die Abbildungen 5.6, Seite 43 und 5.7, Seite 44 demonstrieren dies.

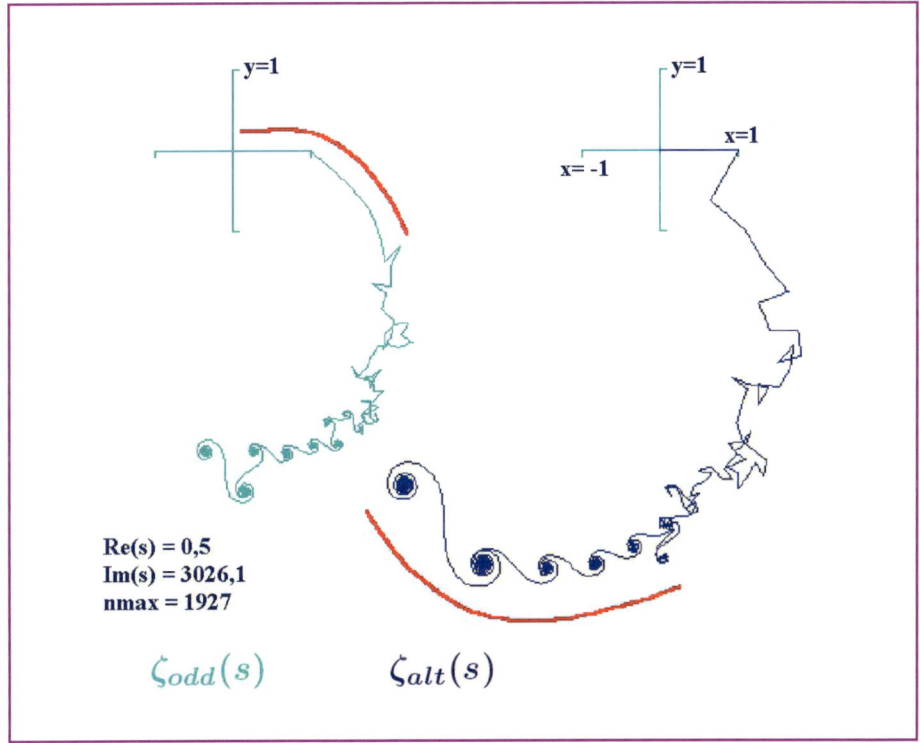

Abbildung 5.6:

Entsprechung des Verlaufes der alternierenden Zetafunktion sowie der Funktion ζ_{odd} (rote Bögen kennzeichnen korrespondierende Sequenzen)

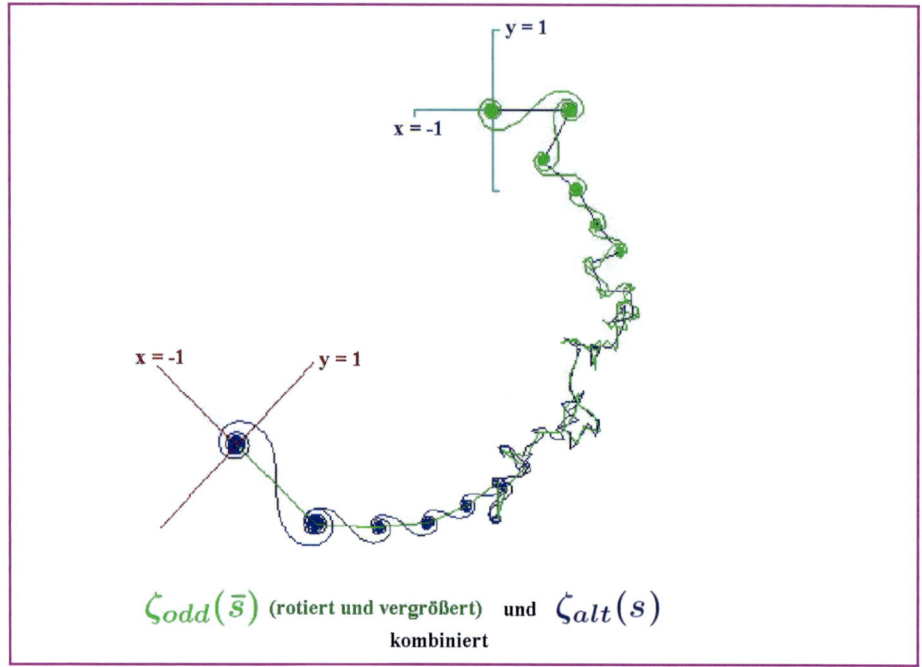

Abbildung 5.7:

Überlagerung der alternierenden Zetafunktion(blau) sowie der vergrößerten, rotierten, translatierten und konjugierten Funktion ζ_{odd} (grün, Koordinatensystem rot)

Wir können also beide großen Abschnitte der alternierenden Zetafunktion, sowohl den chaotisch anmutenden Abschnitt, der aus den Einzelvektoren, wie auch den, der aus von vielen Vektoren gebildeten geschwungenen Segmenten besteht, mit dem ersten Abschnitt der Funktion $\zeta_{odd}(s)$ bzw. $\zeta_{odd}(1-s)$ (nach geeigneter Vergrößerung und Verschiebung), nachbilden. Dies bedeutet aber, die alternierende Zetafunktion besteht im Falle $Re(s) = 0,5$ aus zwei im wesentlichen symmetrischen Hälften(Abbildung 5.8, Seite 45).

Für andere Werte von $Re(s)$ muss aber die Funktion $\zeta_{odd}(s)$ weiterhin mit dem

Faktor $p = \dfrac{\left(1 - \dfrac{2}{2^s}\right)}{\left(1 - \dfrac{1}{2^s}\right)}$ multipliziert werden, wollen wir sie mit dem Verlauf der

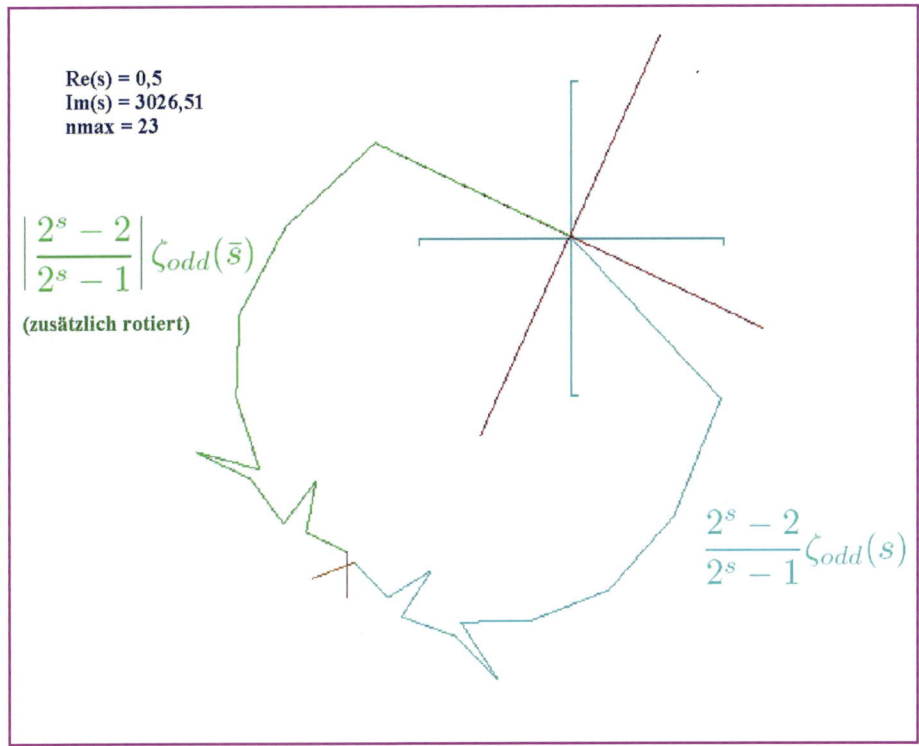

Abbildung 5.8:

Nachbildung des Verlaufes der Etafunktion durch $\zeta_{odd}(s)$ und $\zeta_{odd}(\bar{s})$(beide vergrößert und gedreht)

Etafunktion überlagern. Die Funktion $\zeta_{odd}(s)$ wird hierbei vergrößert oder verkleinert und gedreht. Ebenso können wir auch revers der Funktion $\zeta_{alt}(s)$ die Funktion $\zeta_{odd}(1-s)$ überlagern. Den Faktor, um den diese Funktion vergrößert oder verkleinert und den Winkel, um den sie gedreht werden muss, habe ich dabei leider nicht errechnen, sondern nur empirisch bestimmen können. Zumindest gelingt die Überlagerung unverändert. Nur für den Wert $Re(s) = 0,5$ können wir die beiden Hälften der alternierenden Zetafunktion durch die zwei konjugierten Funktionen $\zeta_{odd}(\bar{s})$ und $\zeta_{odd}(s)$ überlagern, da sowohl $Re(s) = 0,5$, als auch $1 - Re(s) = 0,5$ ist.

Ordnen wir für den Wert $Re(s) = 0,5$ die alternierende Zetafunktion und ihr konjugiertes Pendant so an, dass der Ursprung des Koordinatensystems der konju-

gierten in den Konvergenzpunkt der alternierenden Zetafunktion ihr Konvergenzpunkt aber in den Ursprung des Koordinatensystems verlegt wird, wir also beide konjugierten Funktionen in reverser Richtung übereinanderlegen, so erhalten
wir einen Kreuzungspunkt, an welchem sich die Vektoren n_k beider Funktionen
kreuzen. Wir können somit vom Ursprung des Koordinatensystems zum jeweiligen Konvergenzpunkt gelangen, indem wir zwei symmetrische Partialsummen
in einem bestimmten Winkel(dem Kreuzungswinkel der Vektoren n_k) aneinan-
derfügen. So ist sowohl die alternierende Zetafunktion wie auch ihr konjugiertes
Gegenstück für den Wert $Re(s) = 0,5$ aus zwei symmetrischen Hälften zusam-
mensetzbar. Diese zwei Hälften, deren konkreter Verlauf sich mit dem Wert für
$Im(s)$ ständig ändert, deren Symmetrie aber erhalten bleibt, drehen sich mit
dem Kreuzungspunkt der jeweiligen Vektoren als „Scharnier" umeinander. Damit
müssen die beiden Enden der alternierenden Zetafunktion und ihrer Konjugati-
on immer wieder aufeinander zu liegen kommen. Dies ist die geometrische Begründung für die von Hardy [11]bewiesene unendliche Anzahl der nichttrivialen
Nullstellen auf der kritischen Gerade. Wir sehen, dass der Wert $Re(s) = 0,5$
Nullstellen erzwingt, während dies für andere Werte von $Re(s)$ keineswegs der
Fall ist.

5.5   Schleifen der Konvergenzlinie($Im(s)$ =const)

Auch wenn die Verläufe der Etafunktion zum Teil recht chaotisch anmuten, so
sind sie doch strengen Regelmäßigkeiten unterworfen. Wir sehen dies z.B. daran,
dass für den Wert $Re(s) = 1$, für welchen sich regelmäßig Nullstellen ergeben
(die bei der Berechnung der Riemannschen Zetafunktion dann jeweils dadurch
aufgehoben werden, dass im Faktor p mit $p = \dfrac{1}{1 - \frac{2}{2^s}}$, mit welchem die Etafunktion multipliziert werden muss, im Zähler eine Null erscheint) keineswegs alle
Werte im Bereich zwischen dem Nullpunkt und dem Punkt 1 auf der x-Achse als
Konvergenzpunkte möglich sind(Abbildung 5.9, Seite 47):

Für $Re(s) = 1$ sehen wir, dass sich Nullstellen ausbilden und dabei ein Bereich
links vom Punkt 1 auf der x-Achse der Etafunktion für diesen Realwert von s
nicht zugänglich ist. Anfangs- und Endteil der Etafunktion können beide durch
den Anfangsteil der Funktionen $\zeta_{odd}(1)$ und $\zeta_{odd}(1 - s)$ nachgebildet werden. Für
$Re \neq 0,5$ unterscheiden sich die Vektoren dieser Funktionen in ihrem Modulus,
nicht aber in ihren Argumenten.

Vereinfacht gesagt gilt, wenn der Anfangsteil der Etafunktion gestreckt ist und

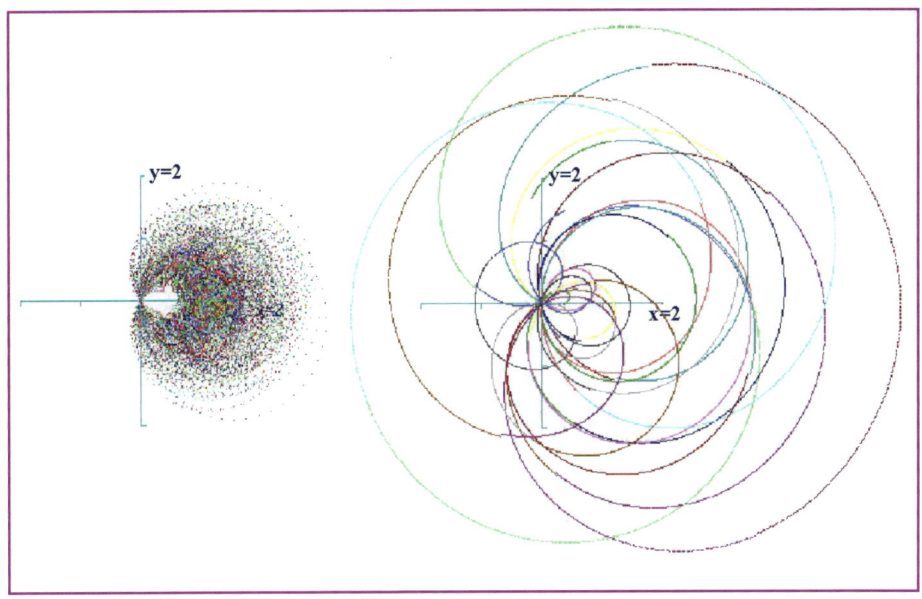

Abbildung 5.9:

Konvergenzpunkte der Etafunktion für $Re(s) = 1$; $5 < Im(s) < 1000$(links) und $Re(s) = 0,5$; $364 < Im(s) < 394$ (rechts)

weite Entfernungen zurücklegt, so wird dies auch der Endteil tun. Ist der Anfangsteil „zerknäuelt" so wird es auch der Endteil sein. Die Segmente mit zum Punkt 1 auf der x-Achse offener(konkaver) Krümmung erreichen für $Re(s) = 1$ entweder maximal (dabei exakt) den Nullpunkt oder sie bleiben deutlich von ihm entfernt. Andererseits gilt für den Wert $Re(s) = 0,5$ für eben diese Segmente, dass sie mindestens den Nullpunkt erreichen, ein Bereich rechts des Nullpunktes nicht erreicht werden kann. Diese Punkte werden bei bestimmter Konstellation der Anfangs- und Endsegmente erreicht. Es ist dann keine beliebige Krümmung der Konvergenzlinie für unterschiedliche Werte von $Re(s)$ möglich, eines der stärksten Argumente gegen die Annahme, Nullstellen könnten sich symmetrisch zur kritischen Gerade für zwei Werte $Re(s) = d$ und $Re(s) = 1 - d$ entwickeln. (Wie wir unten noch sehen werden, vollzieht die Konvergenzlinie für konstante Werte von $Im(s)$ den Verlauf der Etafunktion im wesentlichen nach, wobei die Abschnitte unterschiedlich stark vergrößert werden).

Die Nullstellen der Etafunktion ergeben sich jeweils, wenn die Vektorenkette ins-

gesamt einen recht gestreckten bis mäßig gebogenen Verlauf aufweist. Es müssen
dabei sowohl die Vektoren des Anfangsteils, als auch die Segmente des Endteils
gestreckt oder bogenförmig zueinander liegen. In diesem Fall erübrigen sich Überlegungen, ob für diese Werte zwei zur kritischen Gerade symmetrische Nullstellen
auftreten können, da dann auch die Konvergenzlinie insgesamt einen bogenför-
migen Verlauf nimmt, keine Möglichkeit zur Schleifenbildung besteht. Beginnt
die Konvergenzlinie für $0 \leq Re(s) \leq 1$ für den Wert $Re(s) = 1$ aber im Bereich
zwischen dem Nullpunkt und dem Punkt 1 auf der x-Achse, so deshalb, weil die
genannten Vektoren und Segmente eben nicht gestreckt zueinander liegen, sondern zumindest zum Teil in gegensätzlicher Richtung. Schleifenbildungen gibt es
dann, wenn die Gesamtrichtung der Vektoren des Anfangsteils in Richtung des
Nullpunktes weist, somit bei Veränderung von $Re(s)$ von 1 gegen z.B. 0,75 der
Konvergenzpunkt sich weiter in Richtung des Nullpunktes verschiebt. Wird der
Wert von $Re(s)$ aber noch kleiner, so heben sich die hierdurch eintretenden Ver-
längerungen des Anfangs- und des Endteiles weitgehend auf. Immer mehr macht
sich die zunehmend raschere Vergrößerung der aus vielen Vektoren bestehenden
Segmente bemerkbar, die Bewegung des Konvergenzpunktes wird langsamer, die
Richtung der Bewegung kehrt sich um. Wird $Re(s)$ noch kleiner, dann beschleu-
nigt der Konvergenzpunkt seine Bewegung auf der Konvergenzlinie für diesen
Wert von $Im(s)$ und entfernt sich immer weiter vom Nullpunkt.

Natürlich beweist dies nicht, dass es keine Nullstellen außer für den Wert $Re(s) = $
$0, 5$ innerhalb des kritischen Streifens geben kann, es macht aber verständlich,
wodurch das Zustandekommen solcher Nullstellen verhindert wird. Entweder liegen Vektoren und Segmente sowohl des Anfangs- als auch des Endteils der Etafunktion in etwa in einer Richtung oder mit einem gewissen Winkel zueinander,
dann nimmt die Konvergenzlinie für diesen Wert von $Im(s)$ einen weitgehend
gestreckten oder einfach gebogenen Verlauf(wodurch zumindest zwei zur kritischen Gerade symmetrische Nullstellen unmöglich werden) oder diese Vektoren
und Segmente liegen in entgegengesetzten Richtungen(wobei die Richtung des
Anfangsteils auf den Nullpunkt weisen muss), dann konvergiert die Etafunktion
für $Re(s) = 1$ in deutlicher Entfernung vom Nullpunkt und es kommt tatsächlich zu einer Schleifenbildung. Diese setzt aber zu früh ein, als dass zum einen
die Etafunktion überhaupt den Nullpunkt erreichen könnte, da die Vielzahl der
Vektoren der Segmente des Endteils rasch gegenüber dem Einfluss der Vektoren des Anfangsteils die Oberhand gewinnen. Könnten Vektoren und Segmente
der Etafunktion in beliebiger Richtung zueinander stehen, dann gäbe es keinen
Grund, warum nicht Nullstellen auch für andere Werte als $Re(s) = 0, 5$ auftreten
könnten. Sie sind aber eben keineswegs unabhängig voneinander.

Beispielhaft soll dies an den folgenden Abbildungen für den Wert $Im(s) = $

62019, 18 dargestellt werden: Die Konvergenzlinie zeigt für diesen Wert eine recht ausgeprägte Schleifenbildung (Abbildungen 5.10, Seite 49, 5.11, Seite 50 und 5.12, Seite 51).

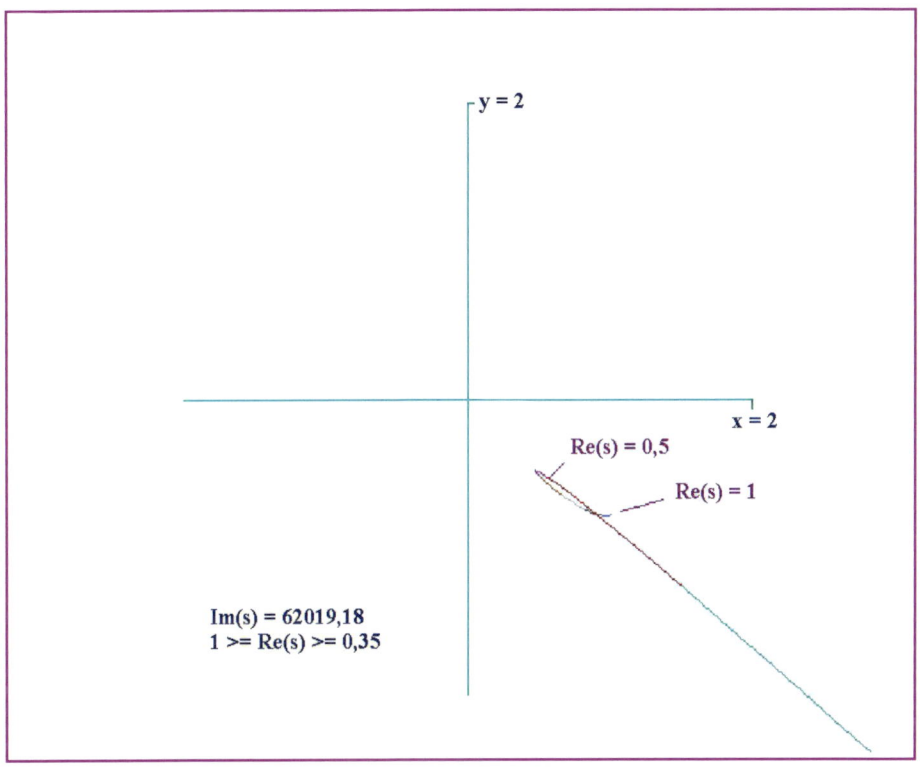

Abbildung 5.10:

Schleifenbildung der Konvergenzlinie der Etafunktion für $Im(s) = 69019, 18, 0, 35 < Re(s) \leq 1$

Der Verlauf der Etafunktion für diese Werte von *s* erklärt, wie es zur Schleifenbildung der Etafunktion kommen kann. Verändern wir den Wert von $Re(s)$ von 1 gegen 0, so vergrößern sich zunächst absolut Vektoren mit niedrigem *n* stärker als die Vektoren mit „hoher Startnummer". Sukzessive verändert sich dies, die Region der absolut größten Vergrößerung wandert allmählich an der Figur der Etafunktion entlang, so dass, wie wir aus den nachfolgenden Abbildungen (wobei die unterschiedlichen Maßstäbe der Abbildungen berücksichtigt werden müssen) ersehen können, zuletzt beim Realwert $Re(s) = 0$ (Abbildung 5.12, Seite 51) das letzte geschwungene Segment die Figur des Verlaufs der Vektorenkette dominiert.

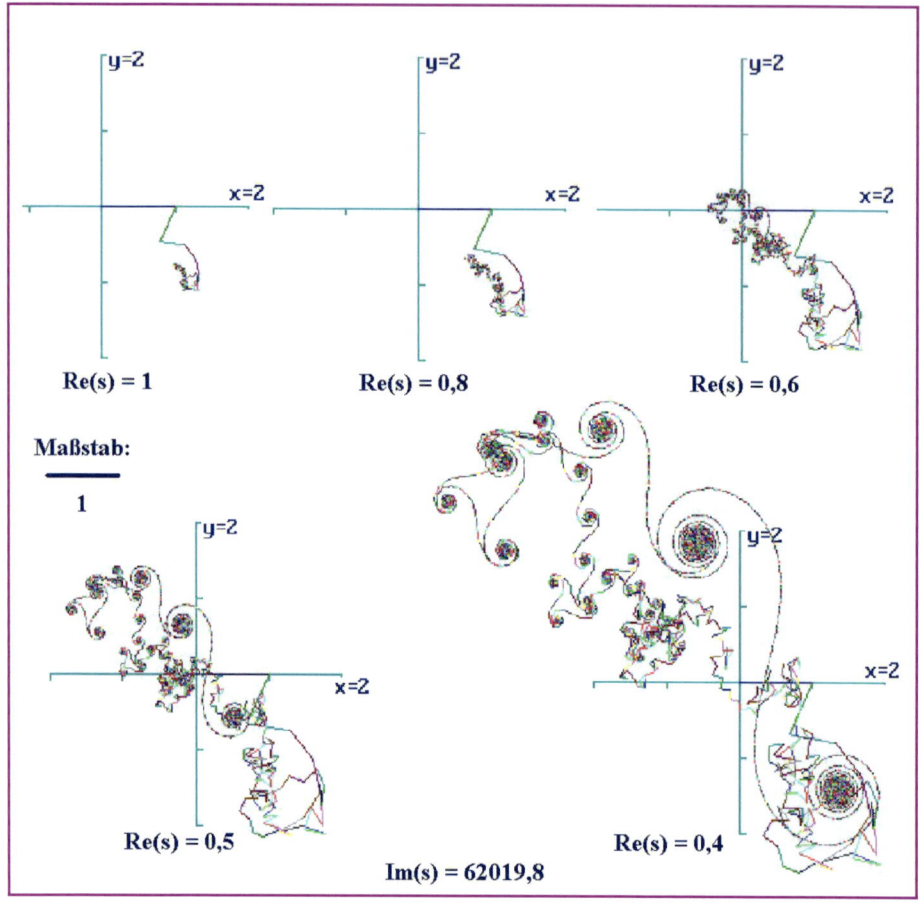

Abbildung 5.11:
Schleifenbildung der Konvergenzlinie–Vektorenverlauf

Wir können jedem Abschnitt der Konvergenzlinie einen entsprechenden der Vektorenkette der Etafunktion zuordnen, wobei die Abschnitte zunächst klein sind, für niedrigere Werte von $Re(s)$ immer größer werden. So entspricht der erste häkchenartige kleine Bogen zu Beginn der Konvergenzlinie für Werte von $Re(s)$ dicht beim Wert $Re(s) = 1$ (Abbildung 5.10, Seite 49) in der Richtung der Verlaufsrichtung des zweiten Vektors der Etafunktion.

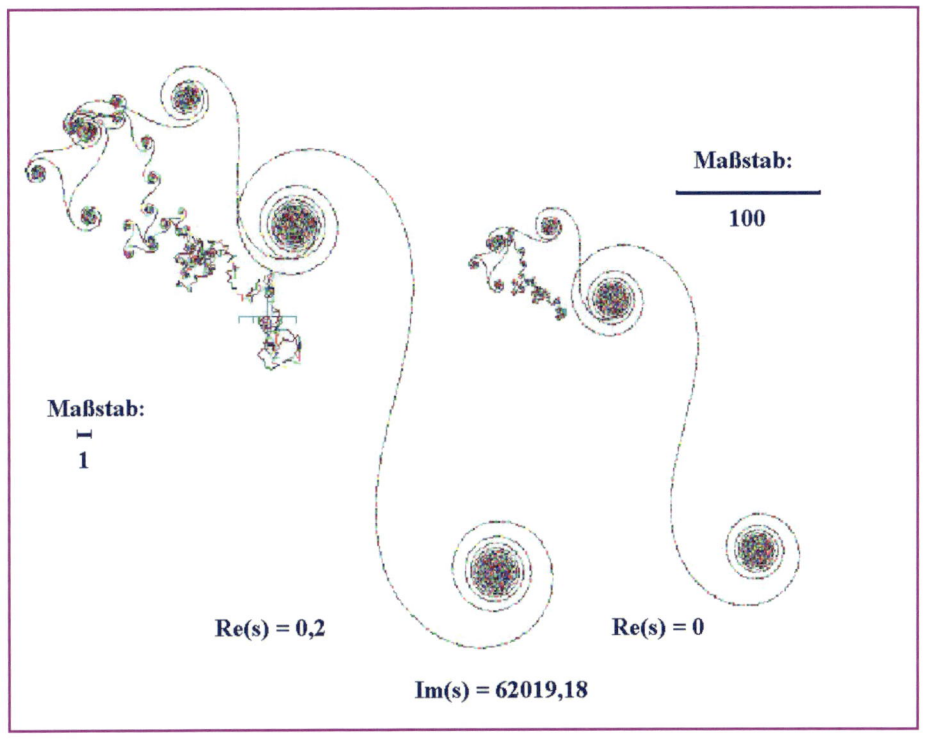

Abbildung 5.12:

Schleifenbildung der Konvergenzlinie-Vektorenverlauf für $Re(s) = 0,2$ und $Re(s) = 0$, –unterschiedliche Abbildungsmaßstäbe.

Eine Schleifenbildung kann so nur zustande kommen, wenn die Verlaufsrichtung größerer Abschnitte des Anfangs- und Endteiles der Vektorenkette der Etafunktion im wesentlichen entgegengesetzt verläuft. Dies ist in der Abbildung (5.11 und 5.12) beispielhaft dargestellt.

Wir haben oben gesehen, dass wir für $Re(s) = 0,5$ dem Verlauf der Etafunktion jeweils vergrößerte Abbildungen der Funktionen $\zeta_{odd}(s)$ und $\zeta_{odd}(1-s)$ überlagern können. Wir erhalten dann einen Schnittpunkt dieser beiden Funktionen, nennen wir diesen Punkt M, für welchen die Abstände zum Nullpunkt und zum Konvergenzpunkt der Etafunktion gleich sind. Zeichnen wir dann noch die Abstände von M zur Spitze des jeweiligen ersten Vektors der beiden (vergrößerten und gedrehten)Funktionen $\zeta_{odd}(s)$ und $\zeta_{odd}(1-s)$, so erhalten wir eine symmetri-

sche Figur mit zwei symmetrischen Dreiecken(am besten vermutlich in Abbildung
5.8, Seite 45 zu erkennen).

Suchen wir die entsprechenden Punkte auf der Abbildung der Etafunktion für
$Re(s) = 1$, so werden zumindest einzelne Seitenlängen des von M und den End-
punkten des letzten geschwungenen Segmentes gebildeten Dreieckes kleiner sein
als die des entsprechenden Segmentes, welches von M und dem Anfangs- und
Endpunkt des ersten Vektors der vergrößerten und rotierten Funktion $\zeta_{odd}(s)$ gebildet wird. Für $Re(s) = 0,5$ sind beide Dreiecke symmetrisch. Die Verlängerung
und Veränderung der Seiten des das letzte geschwungene Segment enthaltenden
Dreieckes ist also größer als die des anderen, welches die Vektorenkette der Vektoren mit niedrigem n repräsentiert. Hierdurch beeinflusst dieser zweite Abschnitt
der Etafunktion durch sein zunehmend größeres Wachstum, wenn sich der Wert
von $Re(s)$ dem Wert $0,5$ annähert, die Verschiebung des Konvergenzpunktes insgesamt stärker als der erste Abschnitt.

Die Konvergenzlinie muss damit aber bereits für Werte von $Re(s)$, die größer als
$0,5$ sind, im wesentlichen in Richtung des Verlaufes des letzten geschwungenen
Segmentes verlaufen. Aus diesen Überlegungen ergibt sich, dass der Scheitelpunkt
einer solchen Schleife der Konvergenzlinie bereits für Werte von $Re(s) > 0,5$ erreicht wird. Die Bewegung des Konvergenzpunktes auf der -linie in Relation zur
Veränderung des Realwertes von s beschleunigt sich bei Veränderung von $Re(s)$
in Richtung auf den Wert 0 zusehends. Soll sich der Kreuzungspunkt der Konvergenzlinie für zwei zum Wert $Re(s) = 0,5$ symmetrische Realwerte $Re(s) = 0,5 + d$
und $Re(s) = 0,5 - d$ ergeben, so müsste der Scheitelpunkt aber erst bei Werten von $Re(s) < 0,5$ erreicht werden, sonst ist die vom Konvergenzpunkt bei
Veränderung des Realwertes von s vom Wert, der den Scheitelpunkt ergibt, zu
$Re(s) = 0,5 - d$ zurückgelegte Strecke im Koordinatensystem größer als die
Strecke, die bei Veränderung von $Re(s) = 0,5 + d$ zum Realwert, der zum Scheitelpunkt führt, zurückgelegt wird.

5.6   Symmetrie II

Lässt sich die empirisch gefundene Übereinstimmung der ersten Hälfte der Funktion $p\zeta_{odd}(1-s) + c$ mit der aus den geschwungenen Segmenten gebildeten zweiten
Hälfte der alternierenden Zetafunktion für den Wert $Re(s) = 0,5$ rechnerisch begründen?

Betrachten wir die Proportionen der Winkel dieser Segmente zueinander: Das
letzte, längste geschwungene Segment der alternierenden Zetafunktion enthält in

der Mitte den Vektor v_n, bei welchem der Zuwachs δ_φ zum vorhergehenden annähernd gleich π ist. Die Vektoren, die ja alternierend addiert und subtrahiert werden, fügen sich dann in einer geschwungenen Linie aneinander. Den Vektor v_n erhalten wir in guter Näherung, indem wir den Winkelzuwachs δ_φ mit $\frac{Im(s)}{n}$ berechnen. So gilt: $\frac{Im(s)}{n} = \pi$, somit $n = \frac{Im(s)}{\pi}$. Die mittleren Vektoren der anderen k Segmente ergeben sich dann zu $n = \frac{Im(s)}{k\pi}$ mit $k = 3, 5, 7, \ldots$. Die absoluten Winkel φ_n dieser mittleren Vektoren ergeben sich dann für die Segmente k zu $\varphi_n = Im(s)ln\left(\frac{Im(s)}{k\pi}\right)$.

Den Winkel φ z.B. zwischen dem vorletzten und dem letzten Segment können wir dann zu $\varphi = Im(s)ln\left(\frac{Im(s)}{\pi}\right) - Im(s)ln\left(\frac{Im(s)}{3\pi}\right)$ bestimmen.

Dies ergibt: $\varphi = Im(s)\left(ln\left(\frac{Im(s)}{\pi}\right) - ln\left(\frac{Im(s)}{3\pi}\right)\right)$
$$\varphi = Im(s)\left(ln\left(\frac{Im(s)3\pi}{\pi Im(s)}\right)\right) = Im(s)ln(3)$$
Dies entspricht aber exakt dem Winkel zwischen dem ersten und dem zweiten Vektor der Funktion $\zeta_{odd}(s)$ und damit auch der Funktion $\zeta_{odd}(1-s)$.

Die Abbildungen zeigen, dass die geschwungenen Segmente auch in ihrer Länge zwischen den einzelnen Knotenpunkten exakt die Verhältnisse zwischen den Vektoren der jeweils zugeordneten Funktion nachbilden. Für $\zeta_{alt}(s)$ sind dies die Funktionen $\zeta_{odd}(s)$ und $\zeta_{odd}(1-s)$, für die Funktion $\zeta(s)$ die Funktionen $\zeta_{even}(s)$ und $\zeta_{even}(1-s)$.

Absolut können wir die Länge der geschwungenen Segmente abschätzen: Für $Re(s) = 0,5$ beträgt die Länge l_{S1} des letzten geschwungenen Segmentes, bestimmt als der Abstand zwischen den Mittelpunkten der dieses Segment begrenzenden Spiralwirbeln, wie wir empirisch durch die Überlagerung der mit dem Modulus von 2^s, also dem Wert $\sqrt{2}$ multiplizierten Funktion $\zeta_{odd}(\bar{s})$ gefunden haben, eben: $l_{S1} = \sqrt{2}$.

Die durchschnittliche Länge der diesem Segment angehörenden Vektoren können wir in Näherung der Länge des mittleren Vektors dieses Segmentes gleich setzen. Für diesen Vektor ist, wie wir oben gesehen haben, der Winkelzuwachs $\delta\varphi$ zum nächsten Vektor ungefähr π. Es gilt: $\delta\varphi(n) = Im(s)(ln(n)-ln(n-1))$ (mit $n > 1$). Wir können annähern: $\pi \approx Im(s)\left(\frac{1}{n}\right)$. Hieraus folgt: $n \approx \frac{Im(s)}{\pi}$. Die Länge l_n des Vektors entspricht dann $l_n \approx \sqrt{\frac{\pi}{Im(s)}}$. Mit diesem Wert können wir zumindest näherungsweise berechnen, welche Anzahl m_{v1} Vektoren nötig wären, würden wir die Länge des geschwungenen Segmentes durch eine gerade Vektorenkette mit Vektoren dieser Länge nachbilden: $m_{v1} \approx \dfrac{\sqrt{2}}{\sqrt{\frac{\pi}{Im(s)}}} = \dfrac{\sqrt{2}\sqrt{Im(s)}}{\sqrt{\pi}}$.

Mit diesem Wert m_{v1} können wir die Länge des geschwungenen Segmentes für andere Werte $Re(s)$ berechnen. Da die Länge aller Vektoren für $Re(s) = 0$ gleich 1 ist, wird die Länge des geschwungenen Segmentes für $Re(s) = 0$ gleich $m_{v1} = \dfrac{\sqrt{2}\sqrt{Im(s)}}{\sqrt{\pi}}$. Für $Re(s) = 1$ wird die durchschnittliche Länge der Vektoren $l_n \approx \dfrac{\pi}{Im(s)}$, die gesamte Länge des Segmentes abschätzbar zu $m_{v1}l_n = \dfrac{\sqrt{2}\sqrt{\pi}}{\sqrt{Im(s)}}$.

Berechnen wir die Relation p_m der Längen des Segmentes für $Re(s) = 0$ und $Re(s) = 1$, so erhalten wir $p_m = \dfrac{Im(s)}{\pi}$. Entsprechend können wir die Längen und dann auch die Relationen der anderen geschwungenen Segmente approximativ berechnen.

Wir können hier erkennen, wie sehr sich die Größenordnungen der Veränderung der ersten Vektoren des Anfangsteiles der Etafunktion und der geschwungenen Segmente mit den Vektoren mit hohem n absolut betrachtet unterscheiden. Für die Einzelvektoren n gilt, dass die Relation zwischen den Längen für $Re(s) = 0$ und $Re(s) = 1$ jeweils gleich n ist. Entsprechendes gilt dann auch für die geschwungenen Segmente, wenn wir ihnen den jeweiligen Wert n des mittleren Vektors zuordnen.

5.7   Anzahl und Verteilung der Nullstellen

Den einzelnen Nullstellen können wir, beginnend bei 1, geordnet nach aufsteigender Größe des entsprechenden Wertes von $Im(s)$ jeweils eine ganze Zahl N zuordnen. Nach Riemann[1] lässt sich die Anzahl der Nullstellen N(T) bis zu einer beliebigen Größe T des Wertes von $Im(s)$ (mit $0 < Im(s) \leq T$) approximieren durch

$$N(T) \sim \frac{T}{2\pi}ln\frac{T}{2\pi} - \frac{T}{2\pi} \tag{5.1}$$

Diese Größe können wir erhalten, indem wir zunächst den Einheitskreis so oft auf der y–Achse abrollen, bis wir den Wert T erreichen. Wir zählen die Anzahl der Umdrehungen des Einheitskreises und tragen diese nun in einer Darstellung des Graphen der Logarithmusfunktion $y = ln(x)$ im kartesischen Koordinatensystem auf der x–Achse ab. Die Fläche unterhalb des Graphen der Logarithmusfunktion ergibt dann die Anzahl der Nullstellen der Zetafunktion bis zu diesem Wert T (angenähert, da diese Berechnung nach Riemann noch einen relativen Fehler der Größenordnung $\frac{1}{T}$ enthält).

Wie in verschiedenen Abbildungen illustriert, nähern wir uns sowohl bei der Zeta- als auch der Etafunktion der endgültigen Spiralbewegung um ein fixes Zentrum, wenn die Winkel zwischen zwei aufeinanderfolgenden Vektoren kleiner als 2π werden. Bei der Etafunktion beginnt dann die Ausbildung des letzten geschwungenen Segmentes, das in der Figur des Konvergenzsternes endet, bei der Zetafunktion mit der Mitte des letzten geschwungenen Segmentes die immer fortdauernde Spiralbewegung um ein bestimmtes Zentrum. Diesen Differenzwinkel φ zwischen zwei Vektoren v_n und $v_{(n-1)}$ können wir für hohe Werte von n annähernd erhalten mit der Näherung $\varphi = \frac{Im(s)}{n}$. φ muss dann für das gesuchte n gleich 2π sein. Es muss also gelten: $2\pi = \frac{Im(s)}{n}$. Hieraus ergibt sich die Anzahl n_v der Vektoren der Schleife, welche vor Beginn der endgültigen Spiralbewegung durch die Zahlenebene mäandriert zu: $n_v = \frac{Im(s)}{2\pi}$.

Dieser Wert entspricht der Zahl der Umdrehungen des Einheitskreises, wenn wir diesen auf der y–Achse vom Nullpunkt bis zum Wert $Im(s) = T$ abrollen.

Die Zahl der Vektoren in der mäandrierenden Schleife steht so mit der Zahl der Nullstellen $N(T)$ nach Gleichung (5.1) in direktem Zusammenhang:

$$N(T) \sim n_v ln(n_v) - n_v \qquad (5.2)$$

Die Größen $n_v = \frac{T}{2\pi}$ in den Gleichungen 5.1 und 5.2 können wir auch in guter Näherung aus den Abbildungen 1.1, Seite 4 und 2.2, Seite 15 ablesen. Wir bestimmen in Abbildung 1.1 die Anzahl der Vektoren n_v in der Schleife vor Beginn der endgültigen Konvergenzbewegung. Folgen wir nun den Spiralsegmenten(der Länge 1) der divergierenden Pythagoreischen Spirale bis zum Segment n_v, so können wir den natürlichen Logarithmus dieser Größe n_v als Länge der entsprechenden, innerhalb des Einheitskreises auf den Nullpunkt zulaufenden Spirale, ausgehend

vom Punkt 1 auf der x–Achse, abmessen. Wir erhalten also die Anzahl der Nullstellen $N(T)$ bis zu einem Wert $Im(s) = T$, wenn wir das Rechteck aus der Länge des divergierenden und des konvergierenden Abschnittes der Pythagoreischen
Spirale bilden, wobei wir jeweils so viele Spiralsegmente $n_v = \frac{Im(s)}{2\pi}$ heranziehen,
wie es für diesen Wert $Im(s) = T$ Vektoren der Zetafunktion vor der endgültigen
Konvergenzbewegung gibt und hiervon ein Rechteck subtrahieren, welches wir
erhalten, wenn wir als dessen Breite die Länge des divergierenden Abschnittes
der Pythagoreischen Spirale(ausgehend vom Punkt 1 auf der x–Achse) auf einer
Gerade abtragen und mit dieser ein Rechteck der Höhe 1 bilden. Die Fläche des
verbleibenden Rechtecks ergibt bis auf den oben genannten Fehler die Anzahl der
Nullstellen bis zu diesem Wert $Im(s) = T$.

Nach dem Integral

$$\int ln(x)\, dx = x ln(x) - x$$

können wir, wenn wir als Wert von x die Anzahl der Vektoren der Zetafunk-
tion bis zur Mitte des letzten geschwungenen Segmentes nehmen, die Zahl der
Nullstellen der alternierenden (und der Riemannschen-) Zetafunktion ablesen als
Fläche unterhalb des Graphen des natürlichen Logarithmus bis zum Wert x.

Kapitel 6

Inkommensurable Vektorketten

6.1 Etafunktionen für $Re(s) = d$ und $Re(s) = 1 - d$

Betrachten wir die alternierenden Zetafunktionen für die Werte $Re_1(s) = d$ und $Re_2(s) = 1 - d$ mit $0 < d < 0,5$, die im Falle eines Wertes von $Im(s)$, welcher eine Nullstelle ermöglicht, beide am Nullpunkt konvergieren müssten, wenn diese Nullstelle nicht für den Wert $Re(s) = 0,5$ auftreten soll.

Welche Beziehung verbindet die beiden Funktionen? Um die Vektoren für den Wert $Re_1(s) = d$ (mit $0 < d < 0,5$), welche die Länge $l_1 = \frac{1}{n^d}$ aufweisen, in die Vektoren für $Re_2(s) = 1 - d$ mit der Länge $l_2 = \frac{n^d}{n}$ zu überführen, müssen wir sie Vektor für Vektor mit dem Proportionalitätsfaktor p_n multiplizieren. Es gilt also:

$$p_n \frac{1}{n^d} = \frac{n^d}{n}$$

$$p_n = \frac{n^{2d}}{n} = \frac{1}{n^{1-2d}}$$

Es erweist sich als sehr schwierig, wenn nicht sogar unmöglich, dass eine Vektorenkette, welche wir erhalten, indem wir alle n Vektoren einer Funktion mit einem für jeden Vektor n ganz spezifischen Faktor multiplizieren, welcher der Größe

$p_n = \dfrac{1}{n^{1-2d}}$ entspricht, am selben Punkt konvergieren soll wie die Ausgangsfunktion.. Diese Proportionalitätsfaktoren bilden ja selbst wieder die Moduli einer eigenen Zetafunktion, eben jener für den Wert $Re(s) = 1 - 2d$. Wir müssten
also diese zwei Zetafunktionen, von welchen nur eine am Nullpunkt konvergiert,
Vektor für Vektor miteinander multiplizieren und die durch die Addition dieser
Vektoren erhaltene Vektorenkette müsste ebenfalls am Nullpunkt konvergieren.
Vergrößern wir alle Vektoren einer Vektorenkette mit demselben Faktor, so wird
auch die Entfernung des Konvergenzpunktes der vergrößerten Funktion vom Nullpunkt um diesen Faktor größer sein als die Distanz des Konvergenzpunktes der
Ausgangsfunktion. In diesem Fall der Vergrößerung aller Vektorenlängen um denselben Faktor erhalten wir für den Fall, dass die Ausgangsfunktion am Nullpunkt
konvergiert eine um den jeweiligen Faktor vergrößerte Funktion, die natürlich
ebenfalls am Nullpunkt konvergiert. Dies ist trivial. Weitaus weniger trivial ist
aber das Problem, welches sich stellt, wenn eine Vektorenkette, die aus einer für
jeden Vektor v_n unterschiedlich großen Streckung einer an einem bestimmten
Punkt, z.B. dem Nullpunkt konvergierenden Ausgangskette hervorgeht, ebenfalls
an diesem Punkt konvergieren soll:

6.2   „Abstoßung" der Partialsummen

Diese Überlegung zur resultierenden Distanz der Summen von Vektoren, die sich
alle in ihrer Länge dadurch unterscheiden, dass die Vektoren einer Kette jeweils
etwas größer sind als die der anderen (vgl. Abbildung 6.1, Seite 59 links), ist von
ganz entscheidender Bedeutung für den Nachweis der Richtigkeit der Riemannschen Vermutung. Sie soll etwas vertieft werden:

Gehen wir zurück zu unseren alternierenden Zetafunktionen für die Werte $Re(s) =
d$ und $Re(s) = 1 - d$ mit $0 < d < 0,5$. Beide müssten im Falle zweier zur kriti-
schen Gerade symmetrischer Nullstellen am Nullpunkt konvergieren. Betrachten
wir die Situation nach Addition einer bestimmten Anzahl (n) Vektoren v_n: Bei
der Funktion mit $Re(s) = d$ sind die Moduli aller Vektoren (mit $n > 1$) größer
als die entsprechenden Moduli der Vektoren der Funktion für $Re(s) = 1 - d$.

Nehmen wir an, die Spitzen der beiden Vektorenketten liegen eine bestimmte Distanz voneinander entfernt. Diese Distanz können wir als (Differenz-)Vektor $v_{d(n)}$
auffassen, dessen Spitze mit der Spitze der Kette der jeweils größeren Vektoren,
dessen Basis hingegen mit der Spitze der Kette der jeweils kleineren Vektoren
zusammenfällt. Addieren wir nun die jeweiligen Vektoren v_{n+1} zur Spitze der
entsprechenden Vektorenketten: Geometrisch lässt sich zeigen (Abbildung 6.2,

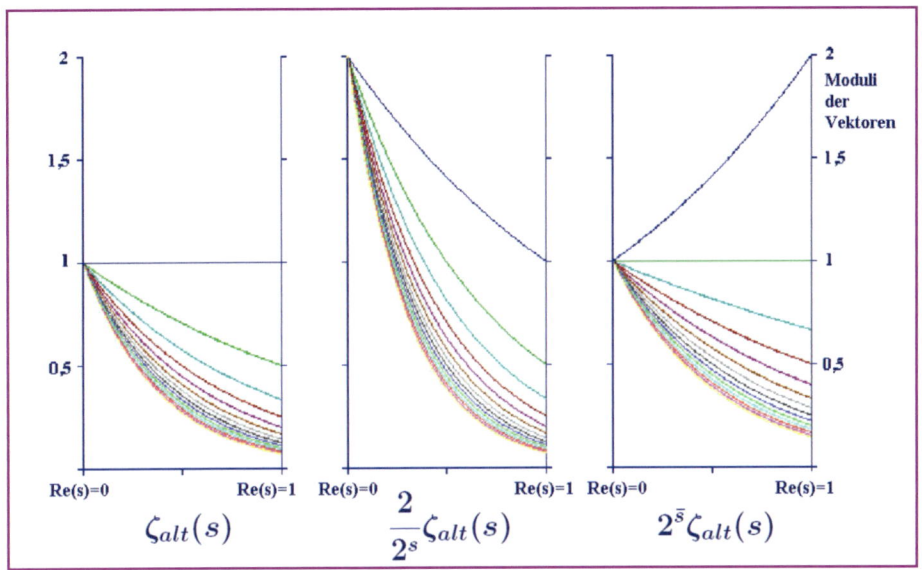

Abbildung 6.1:

Längen der ersten 14 Vektoren für unterschiedliche Werte $0 < Re(s) < 1$ und die Funktionen: $\zeta_{alt}(s)$, $\frac{2}{2^s}\zeta_{alt}(s)$ und $2^{\bar{s}}\zeta_{alt}(s)$

Seite 61), dass es, von wenigen Ausnahmen abgesehen, einen bestimmten Winkel zwischen den Vektoren v_{d1} und v_{n+1} geben muss, bei welchem die Spitzen der beiden resultierenden Vektorenketten, also der beiden Vektoren v_{n+1}, ebenso weit voneinander entfernt zu liegen kommen wie die Spitzen der Vektoren v_n, so dass der Modulus des entsprechenden Differenzvektors $v_{d(n+1)}$ und der Modulus des vorangehenden Differenzvektors $v_{d(n)}$ gleich sind. Für den Betrag $|\varphi|$ dieses Winkels, für welchen sich die zuvor bereits erreichte Distanz zweier Vektorenketten nicht verändert, gilt: $\frac{\pi}{2} < |\varphi| < \pi$. Für den Winkel $|\varphi| = \frac{\pi}{2}$, also den Fall, dass die Vektoren v_{n+1} senkrecht zum Vektor $v_{d(n)}$ stehen, kommt es, ebenso wie für kleinere Beträge des Winkels φ zu einer Vergrößerung der zuvor bestehenden Distanz.

Der Bereich der Argumente der Vektoren v_{n+1}, für den eine Vergrößerung einer zuvor bestehenden Distanz der Spitzen zweier Vektorenketten nach der Addition der jeweils nächsten Vektoren resultiert, ist immer größer als der Wertebereich der Winkel der Vektoren v_{n+1}, der zu einer Verringerung der Distanz führt. Kommt es zu einer Annäherung der Partialsummen, so wird der Differenzvektor

$v_{d(n)}$ kleiner, der Längenunterschied der zwei zu addierenden Vektoren v_{n+1} im Vergleich zu diesem Differenzvektor relativ größer. Damit wird der Wertebereich des Winkels, welcher zu einer Vergrößerung der Distanz der Partialsummen führt, ebenfalls größer. Die Wahrscheinlichkeit, dass sich diese Distanz vergrößert, steigt sozusagen automatisch, wenn sich diese Distanz auf Grund besonderer Verhältnisse der Lage, Größe der Moduli und der Argumente der vorangehenden Vektoren verringert. Hierdurch „stoßen" sich die Vektorketten sozusagen „ab" (Abbildung 6.2, Seite 61). Dieser Effekt wird noch zusätzlich verstärkt: wenn die Differenz der Moduli der beiden zu addierenden Vektoren v_{n+1} größer ist als der doppelte Abstand der beiden Partialsummen, dann vergrößert sich die ursprüngliche Distanz für alle Winkel zwischen diesen Vektoren und dem Differenzvektor der Partialsummen.

Für den Abschnitt der Etafunktion, welcher aus den geschwungenen Segmenten besteht gelten entsprechende Überlegungen, nun aber nicht mehr für die Einzelvektoren sondern für die Veränderung der Distanz der beiden Partialsummen durch die Addition der einzelnen Segmente.

Bei der für die mittlerweile bereits untersuchten Werte von $Im(s) > 10^{12}$ sehr hohen Zahl der Vektoren in der Vektorenschleife vor Beginn der endgültigen Konvergenzbewegung, die selbst zu keiner wesentlichen Veränderung der Distanz der beiden Vektorenketten mehr führen kann, können wir stark vereinfachend davon ausgehen, dass die Winkel zwischen den jeweiligen Vektoren v_n (bzw. im zweiten Abschnitt der Etafunktion zwischen den geschwungenen Segmenten) und den zugeordneten Differenzvektoren $v_{d(n)}$ sich randomisiert auf den Bereich $0 < |\varphi| < \pi$ verteilen. Damit gibt es aber mehr Vektoren(bzw. Segmente), deren Addition zur Vergrößerung einer bereits zuvor bestehenden Distanz zweier Vektorenketten führen muss, als solche, deren Addition die entsprechende Distanz verringern wird. Die Wahrscheinlichkeit, dass sich die Distanz der Spitzen der zwei Vektorenketten (mit jeweils n Vektoren) der alternierenden Zetafunktion für die Werte $Re(s) = d$ und $Re(s) = 1 - d$ (mit $0 < d < 0,5$) nach der Addition weiterer Vektoren v_{n+1}(bzw. Segmente) vergrößert, ist also größer als die Wahrscheinlichkeit, dass sich ihre Distanz verringert. Dieser Effekt wird sich umso stärker auswirken, je größer der Wert von $Im(s)$ sein wird, da sich hierdurch mehr Vektoren bzw. Segmente in den entsprechenden Abschnitten vor Beginn der endgültigen Konvergenzbewegung befinden und dieses statistische Argument der randomisierten Verteilung der Argumente der Vektoren v_{n+1} und der entsprechenden geschwungenen Segmente in Bezug auf die Argumente der jeweiligen Differenzvektoren $v_{d(n)}$, welche die Distanz der beiden Vektorenketten repräsentieren, zunehmend an Bedeutung gewinnt.

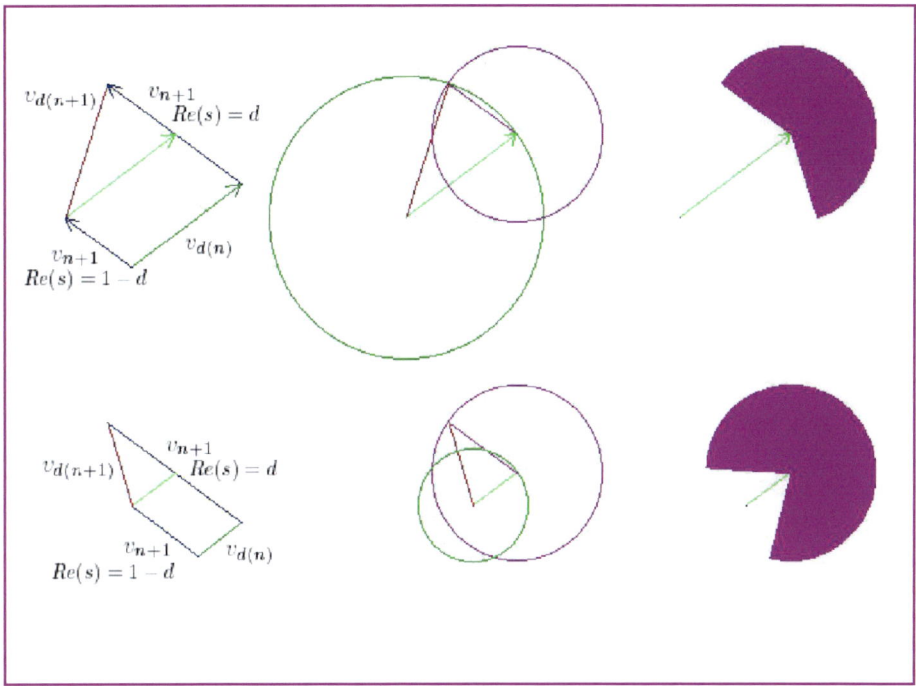

Abbildung 6.2:

„Abstoßung" der Partialsummen: Effekt der Addition zweier Vektoren v_{n+1} (blau dargestellt, für $Re(s) = d$ und $Re(s) = 1 - d$ (kleinerer Vektor) mit $0 < d < 0,5$) auf eine vorbestehende Distanz $v_{d(n)}$ (dunkelgrüner Vektor) der Partialsummen. Ist die Differenz der beiden zu addierenden Vektoren v_{n+1} groß im Vergleich zur bestehenden Differenz $v_{d(n)}$ (untere Bildhälfte), so vergrößert sich der jeweils rechts violett segmentförmig dargestellte Bereich des Winkels zwischen dem Distanzvektor der Partialsummen $v_{d(n)}$ und den zu addierenden Vektoren v_{n+1}, welcher zu einer Vergrößerung der Distanz der Partialsummen führt. Der resultierende Distanzvektor $v_{d(n+1)}$ (dunkelrot) wird dann größer als der ursprüngliche Distanzvektor $v_{d(n)}$. Bildmitte: Die Schnittpunkte des violett dargestellten Kreises, dessen Radius der Differenz der Moduli der beiden zu addierenden Vektoren v_{n+1} entspricht, um die Spitze des zum kleineren Vektor v_{n+1} (für $Re(s) = 1 - d$) addierten (hellgrünen) Distanzvektors $v_{d(n)}$, mit dem hellgrün dargestellten Kreis um dessen Basis mit dem Modulus des ursprünglichen Distanzvektors $v_{d(n)}$ (hellgrün) als Radius, markieren die Winkel zwischen den beteiligten Vektoren, bei welchen der Betrag der Differenz der Partialsummen nach Addition der Vektoren v_{n+1} unverändert bleibt. In der Darstellung unberücksichtigt ist eine Parallelverschiebung der Dreiecksfigur, welche die unterschiedlichen Argumente der zu addierenden Vektoren bewirken würden. Für die Betrachtung der resultierenden Veränderung der Partialsummen ist diese Parallelverschiebung irrelevant.

6.3   Schätzung einer Partialsumme der Etafunktion

Wir können so auch den durchschnittlichen Effekt der Verschiebung eines End-
punktes einer Vektorenkette aus 2 Vektoren betrachten, der resultiert, wenn wir
eine zweite Vektorenkette aus der ersten bilden, indem wir beide Vektoren mit
zwei unterschiedlich großen Faktoren(beide sollen > 1 sein) vergrößern. Die ef-
fektive Differenz der Spitzen der zwei resultierenden Vektorenketten hängt dabei
vom Winkel zwischen beiden Vektoren ab. Sie wird am größten sein, wenn beide
Vektoren dasselbe Argument haben, am geringsten, wenn ihre Argumente sich
um $(2k-1)\pi$ (mit der natürlichen Zahl k) unterscheiden. Für eine sehr lange
Vektorenkette wie im Falle der alternierenden Zetafunktion mit hohen Werten
von $Im(s)$ können wir vereinfachend annehmen, alle Argumente aufeinanderfolgender Vektoren zumindest im Abschnitt bis zum Beginn der Ausbildung der
geschwungenen Segmente unterschieden sich um $\pm\frac{\pi}{2}$, sie stünden alle senkrecht
aufeinander. Dabei gehen wir davon aus, dass sich die unterschiedlich starken
Auswirkungen der Längenunterschiede der Vektoren bei der großen Zahl von unterschiedlichen Winkeln im wesentlichen ausgleichen. Um so die durchschnittliche
Distanz der Spitzen der Vektoren für bestimmte n der alternierenden Zetafunktion für verschiedene Werte von $Re(s)$ abzuschätzen, können wir uns an das
Bild der Pythagoreischen Spirale und der dem Einheitskreis anliegenden Strecken der Länge $l_n = \frac{1}{\sqrt{n}}$ erinnern, in diesem Fall wäre $Re(s) = 0,5$: Fügen wir
all diese dem Einheitskreis anliegenden Strecken durch Parallelverschiebung jeweils senkrecht zueinander stehend aneinander, so erhalten wir in der Distanz
der Eckpunkte der resultierenden Pythagoreischen Spirale vom Nullpunkt eine
grobe Schätzung für die durchschnittliche Größe des Betrages des Abschnittes
der alternierenden Zetafunktion vor Beginn der Ausbildung der geschwungenen
Segmente. In der Regel wird sich so die Spitze einer Vektorenkette, welche durch
Multiplikation aller Vektoren einer Ausgangsfunktion mit jeweils unterschiedlichen Faktoren entsteht, umso weiter von der ursprünglichen Position entfernen,
je größer die Faktoren und damit die Unterschiede der Längen der einzelnen
Vektoren sind. Dies gilt, solange die Argumente der Vektoren weitgehend ran-
domisiert verteilt sind. Diese Schätzung ergibt somit für $Re(s) = 0,5$ als Wert
des Moduls der alternierenden Zetafunktion bis zum Beginn der Ausbildung der
geschwungenen Segmente mit n Vektoren den $n-$ ten Radius dieser Spirale(mit
$r_n = \sqrt{\frac{1}{1} + \frac{1}{2} + \frac{1}{3} + \ldots \frac{1}{n}}$), welcher der Quadratwurzel des Moduls der Zetafunktion mit $s = 1 + 0i$ bis zu diesem Vektor entspricht, da die Quadrate über
diesen Radien der Größe $1 + \frac{1}{2} + \frac{1}{3} \ldots \frac{1}{n}$ sind, welche wiederum in ihrer Summe die

bekannte obere Grenze der Größe des Modulus der Riemannschen Zetafunktion für $Re(s) = 1$ ergeben. Diese lautet allgemein [2](Seite 183):

$$|\zeta(Re(s) + Im(s)i)| = \left|\sum n^{-Re(s)-Im(s)i}\right| \leq \sum n^{-Re(s)} = \zeta(Re(s))$$

(es ist einleuchtend, dass der Betrag der summierenden Zetafunktion maximal groß wird, wenn alle Vektoren auf einer Gerade, in diesem Falle der x–Achse, liegen.) Da für $Re(s) = 0,5$ der erste Abschnitt der Etafunktion bis zur Ausbildung der geschwungenen Segmente für den Vektor v_n mit

$$n \approx \sqrt{\frac{Im(s)}{2\pi}}$$

und der zweite, aus diesen Segmenten bestehende Abschnitt symmetrisch sind und sich beide mit Zunahme von $Im(s)$ wie um ein Scharnier bei v_n umeinander drehen, wird der Gesamtbetrag der Etafunktion damit zwischen dem Zweifachen der für v_n erreichten Schätzung des Modulus und Null liegen.

6.4 Stan Laurel und Oliver Hardy bei der Legion

Ein Film mit den zwei körperlich und in ihrem Temperament so unterschiedlichen Charakteren, welche Stan Laurel und Oliver Hardy verkörpert haben: Der Gang des Schicksals hatte sie in die Fremdenlegion verschlagen. Beeindruckend bog die Marschkolonne der Kompanie um einen breiten Hügel in der westafrikanischen Wüste. Die Männer marschierten im Gleichschritt, regelmäßig war der Rhythmus ihres Marsches, niemand hätte sich dieser respekteinflößenden Truppe entgegen stellen wollen. Die Stimmung der Männer war gut. Da — eine leichte Unregelmäßigkeit machte sich bemerkbar, S. Laurel stolperte kurz, fasste rasch wieder Tritt unter Mithilfe von O. Hardy. Allerdings kam letzterer nun kurz ins Stolpern, was seinen Nebenmann irritierte. Man sah wandernde kleine Herde der Unordnung im regelmäßigen Bilde der marschierenden Truppe, welche sich zuletzt immer mehr verstärkten, um in einem sich selbst organisierenden völligen (indeterministischen, da S. Laurel und O. Hardy mit von der Partie waren) Chaos zu enden. Wenig war übrig vom Stolz und Glanz der Kompanie.
Wir könnten uns S.Laurel und O. Hardy beim Exerzieren auf dem (unendlich großen) Exerzierplatz der Legion in Westafrika vorstellen, dicht bei Fort Zinderneuf: Wir geben S. Laurel die Aufgabe, mit immer kleiner werdenden Schrittlängen jeweils einen Schritt n in eine von uns angegebene Richtung zu machen, dort

erneut einen Schritt in eine andere Richtung zu machen. Die Schrittlänge bestimmen wir als $s_l = \frac{1}{n^d}$ (mit $0 < d < 0,5$). Am selben Ausgangspunkt lassen wir O. Hardy starten, ihm geben wir die Aufgabe, jeweils seine Schritte in dieselbe Richtung wie S. Laurel zu führen. Er soll dieselbe Schrittlänge wie S. Laurel wählen, allerdings für jeden Schritt n (mit $n > 0$) multipliziert(verkleinert) mit dem Faktor $p_n = \frac{1}{n^{1-2d}}$. Jeder Schritt der beiden (außer dem ersten mit Schrittlänge 1) ist also systematisch von dem des anderen unterschieden. S. Laurel macht immer den größeren Schritt. Da wir die Verhältnisse für hinsichtlich der Richtigkeit der Riemannschen Vermutung noch nicht durchgerechnete Werte von $Im(s)$ untersuchen wollen, müssen die beiden $> 10^{11}$ Schritte machen, bevor sie auf der Weite des Exerzierplatzes etwas zur Ruhe kommen und die endgültige Konvergenzbewegung einläuten können. Nachdem sie nun bei sehr zurückhaltender Schätzung mehr als 30 000 Jahre unermüdlich Tag und Nacht unterwegs gewesen wären mit jeweils unterschiedlichen Schrittlängen — sehr groß wäre die Wahrscheinlichkeit, beide würden die endgültige Konvergenzbewegung um exakt denselben Punkt des Exerzierplatzes ausführen, nicht. Noch viel kleiner wäre die Wahrscheinlichkeit, dieser Punkt wäre eben der Ausgangspunkt der langen Reise.

(Wenn es einen solchen Fall geben würde könnten wir ihn mit den Mitteln der Computerberechnung nie sicher stellen: Wer könnte uns garantieren, dass eine gemeinsame Konvergenz an einem bestimmten Punkt, welche wir für zwei bestimmte Werte von $Re(s) = d$ und $Re(s) = 1 - d$ mit einer bestimmten Anzahl von Stellen nach dem Komma bestätigt sehen würden, sich auch bestätigen würden, wenn wir die Zahl der Nachkommastellen erhöhen würden? Wir benötigten für einen letztgültigen Beweis einer zweifachen, zur kritischen Gerade symmetrischen Nullstelle zusätzlich einen allgemeinen Zusammenhang zwischen der Vergrößerung und Verkleinerung der einzelnen Abschnitte der Etafunktion für diese zwei Werte von $Re(s)$, der die exakte Übereinstimmung der Konvergenzpunkte für beide Werte von $Re(s)$ begründen könnte. Einen solchen Zusammenhang kann ich auch nicht im Ansatz sehen, dagegen zahlreiche Mechanismen, die eben ein solches Aufeinandertreffen der Konvergenzpunkte für diese Werte von $Re(s)$ in der komplexen Zahlenebene allgemein und im Besonderen am Nullpunkt verhindern können).

Kapitel 7

Konvergenz der Etafunktion bei Veränderung von $Re(s)$

Allgemein können wir folgende Eigenschaften der alternierenden Zetafunktion und der Bewegung ihres Konvergenzpunktes bei Veränderung des Wertes $Re(s)$ festhalten:

Die alternierende Zetafunktion $\zeta_{alt}(s)$ konvergiert für Werte von $Re(s)$ nahe 1 rasch und relativ nahe dem Wert 1 auf der x–Achse, da die Länge der Vektoren $\frac{1}{n^s}$ mit zunehmendem n rasch kleiner wird.

(Die Moduli der ersten 14 Vektoren für die unterschiedlichen Werte $0 \leq Re(s) \leq 1$ sind in Abbildung 6.1, Seite 59 links dargestellt).

Verringern wir den Wert von $Re(s)$ sukzessive gegen Null, so verlängern sich die einzelnen Vektoren der alternierenden Zetafunktion kontinuierlich. Wird $Re(s) = 0$, so haben alle Vektoren v_n den Modulus 1. Wir können dies in Abbildung 6.1 links erkennen. Die Proportionen unter den einzelnen Vektoren ändern sich dabei mit jeder Veränderung von $Re(s)$, qualitativ ändert sich aber dabei nichts. Die Rangfolge der Vektoren, werden sie ihrer Größe nach geordnet, bleibt für alle Werte von $0 < Re(s) \leq 1$ erhalten. Meist resultiert dann ein bogenförmiger, oft gestreckter Verlauf der resultierenden Konvergenzlinie, auf welcher sich der Konvergenzpunkt bewegt, wenn wir den Wert von $Re(s)$ von 1 gegen Null verringern.(Abbildung 7.1).

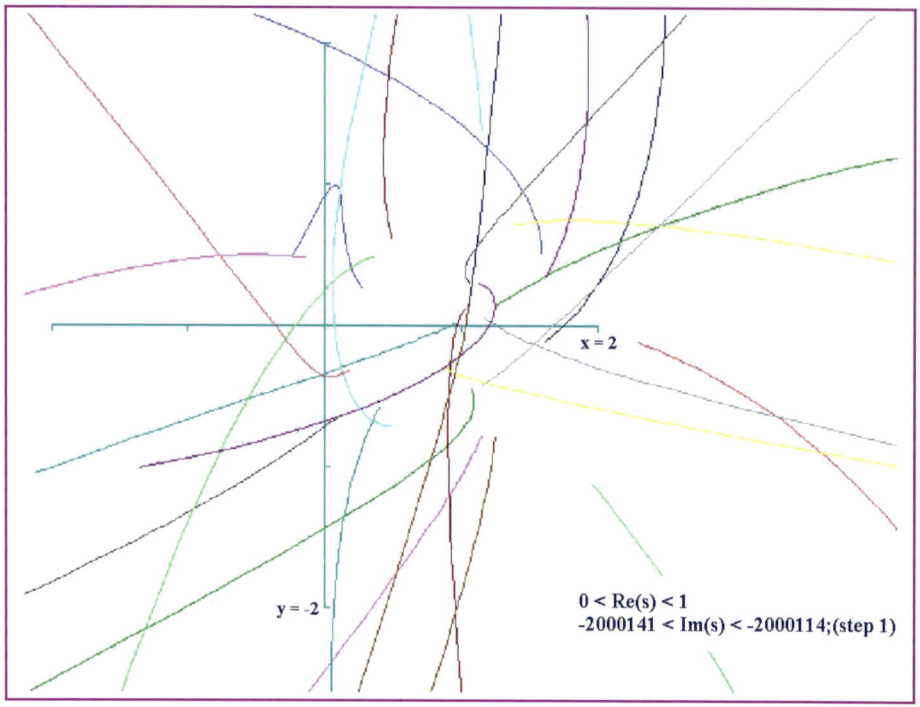

Abbildung 7.1:

Linien, auf welchen sich der Konvergenzpunkt bei Veränderung des Wertes von $Re(s)$ zwischen 1 und 0 bewegt (Werte von $Im(s)$ zwischen -2000114 und -2000141, Intervall 1)

Wir kennen auch Beispiele von Schleifenbildungen der Konvergenzlinie für unterschiedliche Werte von $Re(s)$. Diese können auftreten, wenn die Richtung der einzelnen Segmente der Etafunktion unterschiedlich ist. Gehen wir vom Wert $Re(s) = 1$ aus und verringern diesen sukzessive gegen Null, so ist die Veränderung der Längen der einzelnen Vektoren und dann der geschwungenen Segmente unterschiedlich. Zu Beginn nehmen die Vektoren und Segmente mit niederen n stärker an Größe zu als diejenigen mit hohen Werten von n. Je kleiner $Re(s)$ allerdings wird, umso stärker nehmen relativ zur Verringerung des Wertes von $Re(s)$ die Längen der Segmente mit hohen n zu. Dies ist in Abbildung 7.2, Seite 67 illustriert.

Zu Beginn vergrößert sich insbesondere der Anteil der Etafunktion, welcher aus

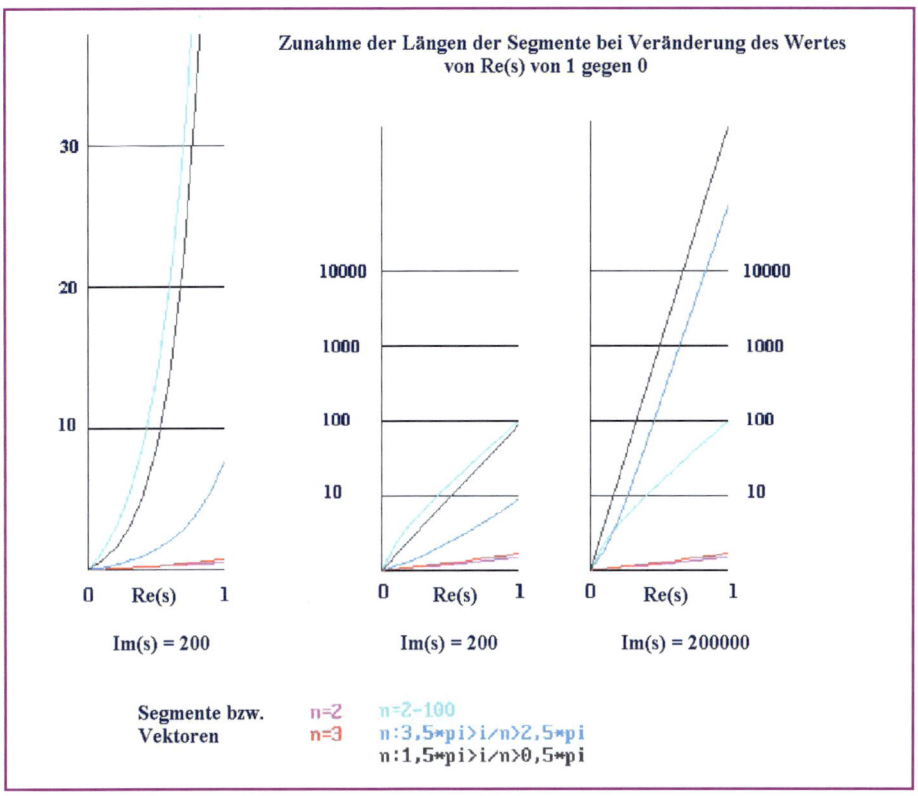

Abbildung 7.2:

Zunahme der absoluten Länge einzelner Vektoren und geschwungener Segmente bei Veränderung von $Re(s)$ für drei unterschiedliche Werte von $Im(s)$ – Mitte und rechts: logarithmischer Maßstab der y-Achse

den Einzelvektoren mit niedrigen Werten von n besteht. Der Konvergenzpunkt wird sich hierdurch in der Richtung bewegen, die der Gesamtrichtung dieses Abschnittes entspricht. Immer mehr wird sich dann die Vergrößerung der Segmente mit hohen n bemerkbar machen. Insbesondere ist die Zunahme des letzten geschwungenen Segmentes exponentiell, wie es aus dem geradlinigen Verlauf der Längenzunahme in Abbildung 7.2, Seite 67 deutlich wird. Zeigt dieses Segment oder auch die vorhergehenden nun in eine andere Richtung als der erste Abschnitt, so wird die Richtung der Bewegung des Konvergenzpunktes sich umkehren. Dabei kann es dann zu einer vollständigen Schleifenbildung kommen. Eine solche ist relativ selten; ich konnte eine solche nur für Werte von Im(s) finden, welche weitgehend mittig zwischen den Nullstellen lag, das heißt, die endgültige Richtung der Bewegung des Konvergenzpunktes (hervorgerufen durch ebensolche Gerichtetheit des letzten Segmentes) weist dabei vom Nullpunkt weg. Der Umkehrpunkt, an welchem sich die Richtung der Konvergenzlinie umkehrte, lag dabei jeweils deutlich oberhalb des Wertes $Re(s) = 0,5$. Dies deshalb, da sich der Einfluss des letzten geschwungenen Segmentes, wie oben näher ausgeführt(Seite 52), mit niedrigerem Wert von $Re(s)$ immer stärker bemerkbar macht. Im Falle einer Nullstelle der Etafunktion für $Re(s) = d$ und $Re(s) = 1 - d$ müsste der Umkehrpunkt aber unterhalb des Wertes von $Re(s) = 0,5$ liegen, wenn sich die Konvergenzpunkte für diese Werte von $Re(s)$ treffen sollen. Es scheint, als sei dies für höhere Werte von $Im(s)$ immer unwahrscheinlicher, da für diese Werte von $Im(s)$ die Längenzunahme des letzten Segmentes immer dominierender wird. Umso früher setzt dann bei Veränderung von $Re(s)$ von 1 gegen 0 die endgültige Veränderung der Bewegungsrichtung der Konvergenzlinie ein.

Kommt es durch die unterschiedliche Veränderung der einzelnen Anteile der Schleife der Vektoren zu einer Kreuzung der Linie des Konvergenzpunktes, so ist kein Grund ersichtlich, dass eine solche Kreuzung eben die beiden Werte $Re(s) = 1 - d$ und $Re(s) = d$ betreffen würde. Es ist viel wahrscheinlicher, eine solche Kreuzung ereignete sich an Punkten, welchen Werte von $Re(s)$ zugeordnet wären, die nicht symmetrisch zur kritischen Gerade liegen. Es ist zu vermuten, dass für alle Schleifen der Konvergenzlinie für einen bestimmten Wert von $Im(s)$ der Schnittpunkt so liegt, dass der Mittelwert $M_{Re(s)}$ der beiden Realwerte $Re(s)_1$ und $Re(s)_2$, welche zur Konvergenz der Etafunktion am selben Punkt der Zahlenebene führen, zwischen $0,5$ und 1 liegt, also gilt: $M_{Re(s)} = \frac{Re(s)_1 + Re(s)_2}{2} > 0,5$

Ein weiteres Argument gegen die Annahme, Nullstellen seien für Werte von $Re(s) \neq 0,5$ möglich: Nehmen wir an, der doch zum Teil chaotisch anmutende Verlauf der Einzelvektoren des ersten und der geschwungenen Segmente des zweiten Abschnittes der Etafunktion würden zu einer Nullstelle für einen Wert von $Re(s) \neq 0,5$ führen. Das Wahrscheinlichste wäre dann, dass für den zugeordneten Wert von Im(s) eben diese eine Nullstelle entstehen würde, die Verlaufslinie des Konvergenzpunktes in irgendeiner mehr oder weniger geschwungenen Weise durch den Nullpunkt verliefe ohne eine Schleife zu bilden. Dies wäre bei oberflächlicher Betrachtung ein durchaus vorstellbarer Fall. Die Nullstelle wäre singulär. Weniger wahrscheinlich wäre, dass es eine Schleifenbildung der Konvergenzlinie für diesen Wert von Im(s) geben würde. Noch viel unwahrscheinlicher wäre, dass der Kreuzungspunkt dieser Schleife eben auf dem Nullpunkt zu liegen kommen würde. Sehr unwahrscheinlich wäre wiederum, dass die Werte von $Re(s)$, die den beiden aufeinander zu liegen kommenden Punkten der Konvergenzlinie zugeordnet werden lönnen, exakt symmetrisch zum Wert $Re(s) = 0, 5$ liegen würden.

So könnten wir uns sehr viele Fälle von Nullstellen für Werte von $Re(s) \neq 0, 5$ vorstellen, die aber wegen der aus der Funktionalgleichung abzuleitenden Forderung, dass Nullstellen der Zetafunktion symmetrisch zum Wert $Re(s) = 0, 5$ liegen müssen, nicht möglich sind. Solche Nullstellen sind sozusagen „verboten" . Betrachten wir aber nur die Verläufe der Vektorketten, so ist festzuhalten, dass solche „verbotenen" Nullstellen viel, viel wahrscheinlicher sein müssten als solche, die symmetrisch zur kritischen Gerade liegen. Sind aber solche, eigentlich wesentlich wahrscheinlichere Nullstellen unmöglich, warum sollten dann die viel unwahrscheinlicheren möglich sein?

(Dass auch die eigentlich wahrscheinlicheren singulären Nullstellen nicht möglich sind liegt eben an dem besonderen Verhältnis der Längen und Winkel der Einzelvektoren im Falle $Re(s) = 0, 5$ wie jetzt näher erläutert werden soll).

Kapitel 8

Nullstellen, Längen und Winkel

Für die Etafunktion kennen wir bisher zwei Arten von Nullstellen: Solche für $Re(s) = 0,5$, die den nichttrivialen Nullstellen der Riemannschen Zetafunktion entsprechen, sowie Nullstellen für $Re(s) = 1$ für Werte von $Im(s)$, für welche der Term $(1 - 2^{1-s})$ in der Gleichung

$$\zeta_{alt}(s) = \eta(s) = (1 - 2^{1-s})\zeta(s) \tag{8.1}$$

oder der entsprechenden Gleichung:

$$\zeta(s) = \frac{1}{(1 - 2^{1-s})}\zeta_{alt}(s) \tag{8.2}$$

gleich Null wird. Wir müssten in diesem Fall in Gleichung 8.2 durch Null dividieren. So verschwindet („vanishes" nach Sondow [4]) die Zetafunktion für diesen Wert von $s = 1 + Im(s)$, der sich dadurch auszeichnet, dass zumindest Vektor v_n für $n = 2$ in der positiven x-Achse liegt, (oft auch direkt nachfolgende Vektoren), so dass die Anfangsvektoren der Funktion $\zeta_{even}(s)$ auf dem ersten Vektor der Funktion $\zeta_{odd}(s)$ zu liegen kommen, diesen sozusagen „nachbilden". Dies ergibt sich für Werte $s \approx 1 \pm m \cdot 9,0647202$ mit $m \in \mathbb{N}$. (Vektor v_n für $n = 2$ liegt in der x-Achse, wenn gilt: $Im(s)ln(2) = m2\pi$ also $Im(s) = \frac{m2\pi}{ln(2)}$ (für m=1 erhalten wir den Wert $Im(s) \approx 9,0647202$) Die Funktionen $\zeta_{odd}(s)$ und $\zeta_{even}(s)$

umkreisen in ihrer endgültigen Spiralbewegung in diesem Fall denselben Punkt der komplexen Zahlenebene, welcher aber nicht dem Nullpunkt entspricht. Somit konvergiert dann $\zeta_{alt}(s)$ am Nullpunkt, wohingegen die summierende Zetafunktion $\zeta(s)$ den Punkt in doppelter Entfernung der beiden Teilfunktionen umkreist, der dann auch dem Funktionswert der Riemannschen Zetafunktion entsprechen würde. (Abbildungen 8.2, Seite 72 und 8.1, Seite 71).

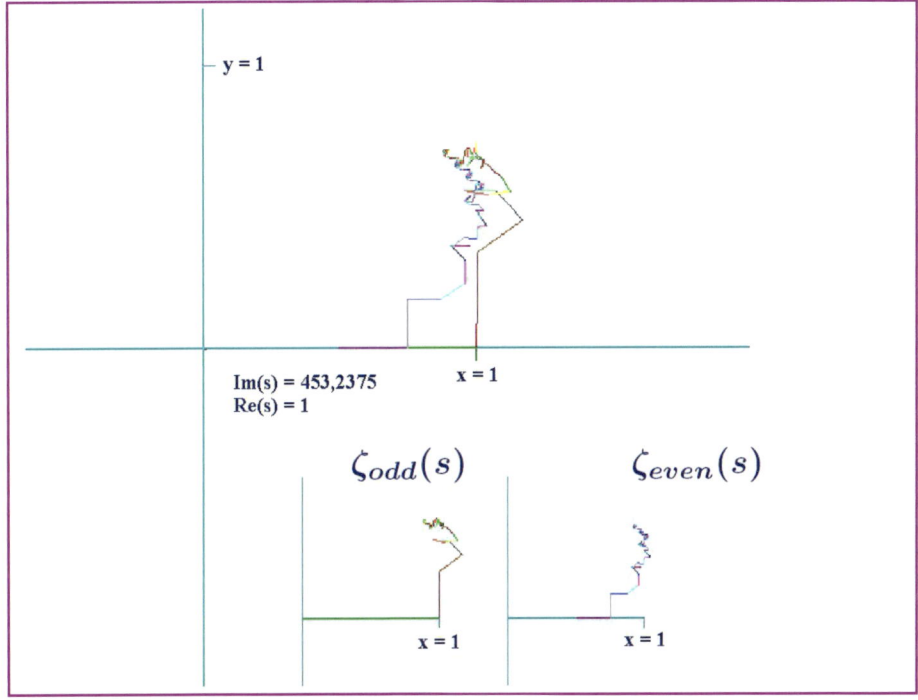

Abbildung 8.1:

Nullstellen für $Re(s) = 1$ (I)
$\zeta_{odd}(s)$ und $\zeta_{even}(s)$ konvergieren am selben Punkt der Zahlenebene

Nichttriviale Nullstellen wurden bislang nur für Werte mit $s = 0,5 + Im(s)$ gefunden. Nichttriviale zeichnen sich im Vergleich zu den Nullstellen der Eta-funktion für Werte von s mit $Re(s) = 1$ dadurch aus, dass beide Teilfunktionen $\zeta_{odd}(s)$ und $\zeta_{even}(s)$ mit dem Zentrum ihrer endgültigen Spiralbewegung über dem Nullpunkt zu liegen kommen. Hierdurch konvergiert $\zeta_{alt}(s)$ am Nullpunkt, das Zentrum der endgültigen Spiralbewegung der summierenden Zetafunktion

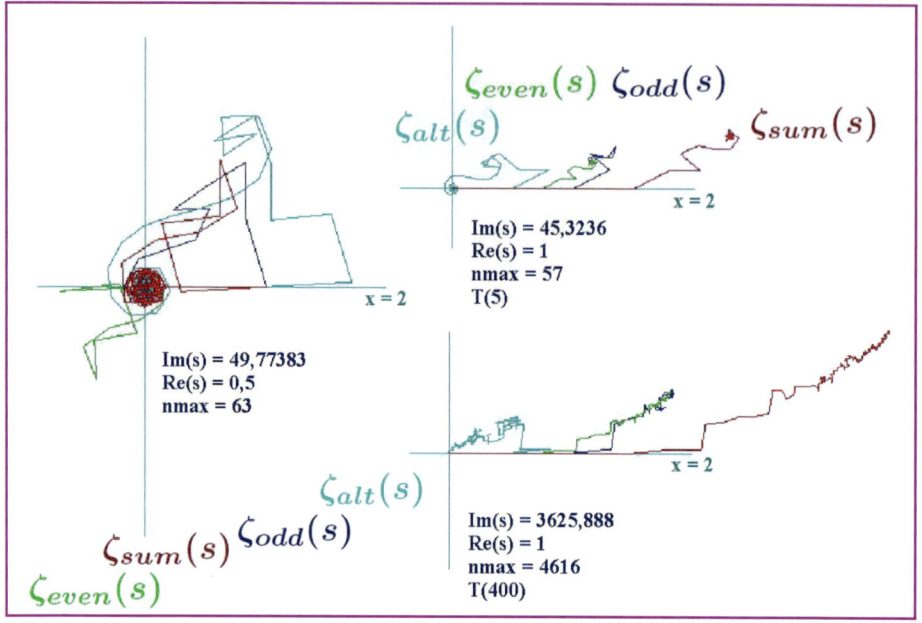

Abbildung 8.2:
Nullstellen für $Re(s) = 0,5$ und $Re(s) = 1$
Vergleich des Verlaufes von $\zeta_{alt}(s)$, $\zeta_{even}(s)$, $\zeta_{odd}(s)$ und $\zeta_{sum}(s)$ bei Nullstellen für $Re(s) = 0,5$ (links) und $Re(s) = 1$ (rechts)

und damit auch der Funktionswert der Riemannschen Zetafunktion fallen dann ebenfalls auf den Nullpunkt.

Für diese beiden Werte von $Re(s)$ gibt es offenbar einen Mechanismus der ermöglicht, dass die Teilfunktionen $\zeta_{odd}(s)$ und $\zeta_{even}(s)$ am selben Punkt der Zahlenebene konvergieren können. (Wäre dies auch für andere Werte von $Re(s)$ möglich, so hätten wir ein Beispiel, welches die Riemannsche Vermutung widerlegt).
Worin könnte diese Besonderheit der Werte $Re(s) = 1$ und $Re(s) = 0,5$ bestehen? Betrachten wir die Relationen zwischen den Winkelzuwächsen δ_{φ_n} für zwei Vektoren v_n und $v_{(n-1)}$, sowie die entsprechenden Proportionen ihrer Längen l_n und $l_{(n-1)}$ bzw. für $Re(s) = 0,5$ der Längen l_n und $l_{(n-2)}$ (die Gründe hierfür werden wir rasch verstehen, wenn wir die Werte in der Tabelle betrachten) und die Entsprechungen zu weiter vorhergehenden und nachfolgenden Vektoren.

Dabei bestimmen wir im Fall $Re(s) = 1$ die Differenzwinkel (für $n > 1$)

$$\delta_{\varphi n} = Im(s)ln(n) - Im(s)ln(n-1)$$

näherungsweise zu

$$\delta_{\varphi n+1} \approx Im(s)\frac{1}{n}$$

Im Falle $Re(s) = 0,5$ hingegen mit der Näherung:

$$\delta_{\varphi n+1} \approx Im(s)\frac{1}{\sqrt{(n+1)}\sqrt{n}}$$

Wir können dann folgende Tabellen erstellen:

$$Re(s) = 1$$

m	l_m	$\delta\varphi_m$	$p_{\delta\varphi} = \frac{\delta\varphi_{(m)}}{\delta\varphi_{(m-1)}}$	$p_l = \frac{l_{(m)}}{l_{(m-1)}}$
$n+2$	$\frac{1}{n+2}$	$Im(s)\frac{1}{n+2}$	$\frac{n+1}{n+2}$	$\frac{n+1}{n+2}$
$n+1$	$\frac{1}{n+1}$	$Im(s)\frac{1}{n+1}$	$\frac{n}{n+1}$	$\frac{n}{n+1}$
n	$\frac{1}{n}$	$Im(s)\frac{1}{n}$	$\frac{n-1}{n}$	$\frac{n-1}{n}$
$n-1$	$\frac{1}{n-1}$	$Im(s)\frac{1}{n-1}$	$\frac{n-2}{n-1}$	$\frac{n-2}{n-1}$
$n-2$	$\frac{1}{n-2}$	$Im(s)\frac{1}{n-2}$	$\frac{n-3}{n-2}$	$\frac{n-3}{n-2}$

Für $Re(s) = 0,5$ erhalten wir folgende Tabelle, wobei jetzt in der letzten Spalte nicht das Verhältnis der Längen eines Vektors v_m zum vorangehenden Vektor v_{m-1} betrachtet wird, sondern zu seinem Vorvorgänger v_{m-2} :

$$Re(s) = 0,5$$

m	l_m	$\delta\varphi_{(m)}$	$p_{\delta\varphi} = \frac{\delta\varphi_{(m)}}{\delta\varphi_{(m-1)}}$	$p_l = \frac{l_{(m)}}{l_{(m-2)}}$
$n+2$	$\frac{1}{\sqrt{n+2}}$	$Im(s)\frac{1}{\sqrt{n+2}\sqrt{n+1}}$	$\frac{\sqrt{n}}{\sqrt{n+2}}$	$\frac{\sqrt{n}}{\sqrt{n+2}}$
$n+1$	$\frac{1}{\sqrt{n+1}}$	$Im(s)\frac{1}{\sqrt{n+1}\sqrt{n}}$	$\frac{\sqrt{n-1}}{\sqrt{n+1}}$	$\frac{\sqrt{n-1}}{\sqrt{n+1}}$
n	$\frac{1}{\sqrt{n}}$	$Im(s)\frac{1}{\sqrt{n}\sqrt{n-1}}$	$\frac{\sqrt{n-2}}{\sqrt{n}}$	$\frac{\sqrt{n-2}}{\sqrt{n}}$
$n-1$	$\frac{1}{\sqrt{n-1}}$	$Im(s)\frac{1}{\sqrt{n-1}\sqrt{n-2}}$	$\frac{\sqrt{n-3}}{\sqrt{n-1}}$	$\frac{\sqrt{n-3}}{\sqrt{n-1}}$
$n-2$	$\frac{1}{\sqrt{n-2}}$	$Im(s)\frac{1}{\sqrt{n-2}\sqrt{n-3}}$	$\frac{\sqrt{n-4}}{\sqrt{n-2}}$	$\frac{\sqrt{n-4}}{\sqrt{n-2}}$

In beiden Fällen sehen wir in den beiden letzten Spalten dieselben Proportionen $p_{\delta\varphi}$ zwischen den Winkelzuwächsen zwischen aufeinanderfolgenden Vektoren auf der einen und mit p_l zwischen den Vektorlängen auf der anderen Seite. Dies gilt im Falle von $Re(s) = 1$ für die Längen direkt aufeinanderfolgender Vektoren, für $Re(s) = 0,5$ jeweils für die Proportion zwischen der Länge des betrachteten Vektors und seinem Vorvorgänger. Jede Änderung in der Proportion des Winkelzuwachses zwischen zwei Vektoren spiegelt sich jeweils in der Proportion der Längen zweier benachbarter Vektoren wieder und vice versa. So ändern sich in gewissem Sinne Winkel und Längen und damit die Krümmung der jeweiligen resultierenden Kurven für diese beiden Werte von $Re(s)$ im Gleichtakt. Und auch die Teilfunktionen $\zeta_{odd}(s)$ und $\zeta_{even}(s)$ können dann in entsprechender Weise im Gleichschritt durch die Zahlenebene mäandrieren und den Verlauf der jeweils anderen sozusagen nachbilden(Abbildungen 8.2, Seite 72 und 8.1, Seite 71).

Kapitel 9

Nullstellen und Differenzvektoren

9.1 Inkommensurable Differenzvektoren

Nach dem Riemannschen Umordnungssatz ist es möglich mit einer bedingt konvergenten unendlichen alternierenden Reihe von Vektoren jeden Punkt der Zahlenebene zum Konvergenzpunkt zu machen, wenn es erlaubt ist, die Reihenfolge der Vektoren nach Belieben zu ändern. Ähnlich könnten wir jeden Punkt der Zahlenebene erreichen, wäre es erlaubt, die Proportion der Vektoren zueinander, d.h. ihre Moduli nach Belieben und Erfordernis zu ändern. Dies sagt aber kaum mehr aus, als dass wir im Prinzip für jeden Punkt der Zahlenebene verschiedene Reihen aufstellen können, welche an diesem Punkt konvergieren. Beide Sachverhalte treffen aber bei den Betrachtungen der Konvergenz der Reihen der eben betrachteten Differenzvektoren oder auch der zwei Funktionen F_{zalt-d} und $F_{zalt-(1-d)}$ in keiner Weise zu: Weder wollen wir die Reihenfolge der Vektoren ändern, noch deren Moduli. Würden die zwei zur kritischen Gerade symmetrischen Werte von $Re(s)$ tatsächlich jeweils für beide zugeordneten alternierenden Zetafunktionen Nullstellen ermöglichen, so müsste dies ganz natürlich, ohne spezielle „Tricks" möglich sein. Beide Funktionen müssten wie selbstverständlich am Nullpunkt konvergieren. Winkel, Größe und Reihenfolge der Vektoren sind klar vorgegeben.

Betrachten wir die 4 Figuren der alternierenden Zetafunktion für die Werte $Re(s) = 1$, $Re(s) = 1 - d$, $Re(s) = d$ und $Re(s) = 0$ (mit $0 < d < 0,5$).

Wir erhalten Ketten von Vektoren unterschiedlicher Länge für diese Funktionen, sie gehen alle vom Punkt 1 auf der x–Achse aus, da der erste Vektor für alle $Re(s)$ die Länge 1 hat (Abbildung 6.1, Seite 59).

Wir können uns die Vektoren der Funktion für den Wert $Re(s) = 0$ (alle mit Modulus 1) als aus den Vektoren für den Wert $Re(s) = 1$ und den Differenzvektoren zu und zwischen den übrigen Funktionen zusammen gesetzt vorstellen, so dass sie sich aus 4 Abschnitten zusammensetzen:

A_n mit der Länge $l_A = \dfrac{1}{n^1}$

B_n mit der Länge $l_B = \dfrac{1}{n^{1-d}} - \dfrac{1}{n^1}$

C_n mit der Länge: $l_C = \dfrac{1}{n^d} - \dfrac{1}{n^{1-d}}$

D_n mit der Länge: $l_D = \dfrac{1}{n^0} - \dfrac{1}{n^d}$

mit ($1 \le n \le m$ und beliebig wählbarer natürlicher Zahl m). Wir beginnen mit dem Index 1 für die Vektoren, die Teil des zweiten Vektors der alternierenden Zetafunktion mit dem Wert von $Re(s) = 0$ sind. Wir können nun auf unterschiedliche Weise vom Ausgangspunkt $1 + 0 \cdot i$ zur Spitze K_m des Vektors mit beliebig hohem m der alternierenden Zetafunktion für den Wert $Re(s) = 0$ gelangen: Einmal indem wir die Kette der Vektoren dieser alternierenden Zetafunktion entlangfahren, sie summieren. Wir können, dieser Vorgehensweise vollkommen äquivalent, auch die entsprechenden Teilabschnitte summieren:

$$K_m = (A_1 + B_1 + C_1 + D_1) + (A_2 + B_2 + C_2 + D_2) + \ldots + (A_n + B_n + C_n + D_n)$$

($1 \le n \le m$) Wir dürfen die Teilstrecken aber auch in folgender Weise addieren:

$$K_m = (A_1 + A_2 + \ldots + A_n) + (B_1 + B_2 + \ldots + B_n) + (C_1 + C_2 + \ldots + C_n) + (D_1 + D_2 + \ldots + D_n)$$

(Illustriert wird dies in Abbildung 9.1, Seite 77 - in dieser wurde allerdings aus Gründen der Darstellbarkeit der Konvergenz als minimaler Wert $Re(s) = 0,1$ und nicht $Re(s) = 0$ gewählt.)

Dies ist trivial; es ergibt sich aber ein Problem, wenn wir annehmen, die alternierende Zetafunktion würde zwei symmetrische Nullstellen für den Wert $Re(s) = d$ und $Re(s) = 1 - d$ aufweisen:

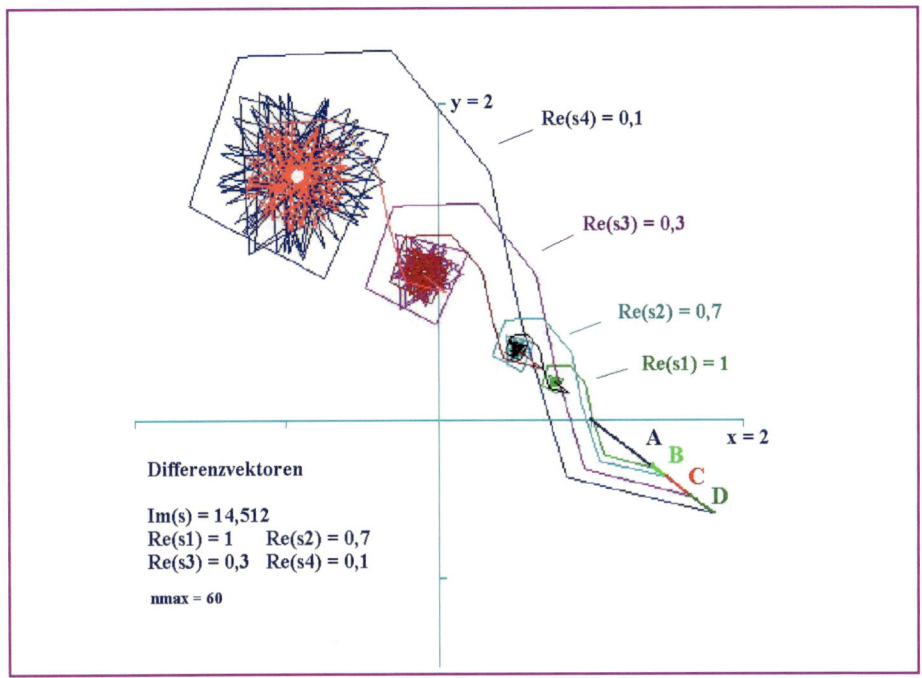

Abbildung 9.1:

Darstellung der unterschiedlichen Addition der Differenzvektoren der Funktionen mit verschiedenen Werten von $Re(s)$: $(Re(s1) - Re(s4))$, welche jeweils als Teilvektoren der alternierenden Zetafunktion mit dem niedrigsten Wert von $Re(s)$ $(Re(s4) = 0,1)$ aufgefasst werden können, die Unter-, bzw. Differenzvektoren A_1, B_1, C_1 und D_1 sind farbig markiert. So führt z.B. die Addition aller Vektoren B_n , beginnend am Konvergenzpunkt der Vektoren A_n zum Konvergenzpunkt der alternierenden Zetafunktion mit $Re(s2) = 0,7$.

Wir würden dann beliebig nahe zum Punkt K_m gelangen, wenn wir nur die Teilstrecken

$$K_m \approx (A_1 + A_2 + \ldots + A_n) + (B_1 + B_2 + \ldots + B_n) + \ldots + (D_1 + D_2 + \ldots + D_n)$$

addieren würden. Wir gelangten dann ja schon mit den Summen der Abschnitte A_n und B_n (mit $1 \leq n \leq m$) für beliebig hohe k beliebig nahe an den Nullpunkt und damit auch beliebig nahe zum Konvergenzpunkt der alternierenden Zetafunktion für den Wert $Re(s) = d$, von diesem aber mit den Differenzvektoren der zwei alternierenden Zetafunktionen für die Werte $Re(s) = d$ und $Re(s) = 0$, welche den Abschnitten D entsprechen, zur Spitze des Vektors v_m der alternierenden Zetafunktion mit dem Wert von $Re(s) = 0$.

Da wir von den anderen Abschnitten aber alle Vektoren summieren, die Winkel sich nicht ändern im Vergleich zur Abbildung, die wir durch die Bildung der Summe

$$K_m = (A_1 + B_1 + C_1 + D_1) + (A_2 + B_2 + C_2 + D_2) + ... + (A_n + B_n + C_n + D_n)$$

erhalten, so müssten wir die Vektoren aller Abschnitte A_n, B_n und D_n, durch Parallelverschiebung wieder auf ihre ursprünglichen Plätze auf den Vektoren der alternierenden Zetafunktion für den Wert $Re(s) = 0$ zurück verschieben können. Ihre Summe müsste dann wieder zur Spitze des Vektors v_m führen (bis auf eine, für beliebig wählbares m mit $1 \leq n \leq m$ beliebig kleine Distanz, welche der Differenz der Spitzen der Vektoren v_m der beiden alternierenden Zetafunktionen für die Werte $Re(s) = 1 - d$ und $Re(s) = d$, welche beide am Nullpunkt konvergieren müssten, entspricht). Nachdem die Vektoren der Länge $l = 1$, welche sich aus den Abschnitten A_n, B_n, C_n und D_n zusammensetzen, zu diesem Punkt führen, ist es sehr schwer vorstellbar, dass auch die Summe der Abschnitte A_n, B_n und D_n allein ebenfalls zu demselben Punkt führen sollte. Wir würden alle Vektoren v_n der Länge 1 um den Betrag der jeweiligen Abschnitte C_n kürzen und dennoch sollte sich der erreichte Punkt durch diese Verkleinerung aller zu ihm führenden Vektoren allenfalls unwesentlich verschieben?

Für den Fall, dass $Re(s) = 0,5$ zu einer Nullstelle führt, erhalten wir den interessanten Fall, dass die Summe der Abschnitte C_n tatsächlich vernachlässigt werden kann, nun aber, weil letztere alle definitionsgemäß die Länge 0 aufweisen(Abbildung 9.2, Seite 79).

9.2 Ähnlichkeit bestimmter Differenzabschnitte und der Etafunktion mit $Re(s) = d$

Um zu prüfen, ob die Summe der Teilabschnitte C_n am Nullpunkt konvergieren kann, wenn die alternierende Zetafunktion für $Re(s) = 1 - d$ und $Re(s) = d$ Nullstellen hat, können wir die Ähnlichkeit dieser Summe mit der alternierenden Zetafunktion für $Re(s) = d$ (mit $0 < d < 0,5$) untersuchen: Die Kette der Vektoren der Teilabschnitte C_n müsste dann(beginnend mit dem Abschnitt C_1, welcher auf dem zweiten, vom Punkt 1 auf der x–Achse ausgehenden Vektor der

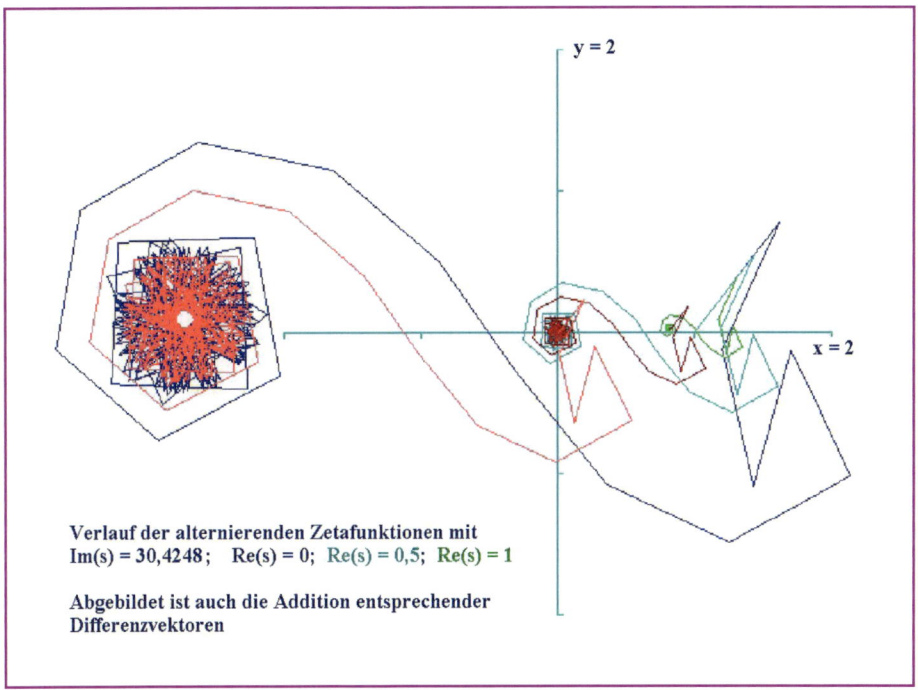

Abbildung 9.2:

Addition allein der Abschnitte A_n, B_n und D_n führt im Falle einer Nullstelle (für $Re(s) = 0,5$) vom Nullpunkt zum Konvergenzpunkt der alternierenden Zetafunktion mit $Re(s) = 0$ (Abschnitte: grün-A, türkis-B, rot-D)

alternierenden Zetafunktion für $Re(s) = 0$ liegt), wenn wir sie am Nullpunkt beginnen lassen, an diesem konvergieren, da ja ihre Summe Null ergeben müsste. Wir betrachten nun die alternierende Zetafunktion mit $Re(s) = d$, ebenfalls beginnend mit dem Vektor für $n = 2$: Wir gelangen mit dieser Kette von Vektoren vom Punkt 1 auf der x–Achse nach spezifisch schleifenförmigem Verlauf zum Nullpunkt. Die Kette der Vektoren entspricht damit letztlich einem Bogen, welcher den Abstand 1 zwischen Ursprung und Konvergenzpunkt zurücklegt. Wir können diese Kette also auch am Nullpunkt beginnen lassen, sie endet dann am Punkt -1 auf der x–Achse.

Die Differenzvektoren der Gruppe C_n haben die Länge:

$$l_{C_n} = \frac{1}{n^d} - \frac{1}{n^{1-d}}$$

Wir können umformen zu:

$$l_{C_n} = \frac{1}{n^d} \left(\frac{n - n^{2d}}{n} \right)$$

Der Term $p_n = \left(\dfrac{n - n^{2d}}{n} \right)$ liegt für alle Werte $0 < d < 0,5$ und alle $n > 1$ im Bereich $0 < p_n < 1$. Mit zunehmendem n nähert er sich dem Wert 1 an, so dass die Differenzvektoren der Abschnitte C mit höherem n den entsprechenden Vektoren der alternierenden Zetafunktion für den Wert $Re(s) = d$ mit den Vektorenlängen $l_n = \dfrac{1}{n^d}$ immer ähnlicher werden.

Wir können uns die Abschnitte C_n vorstellen hervorgehend aus den Vektoren der alternierenden Zetafunktion für $Re(s) = d$ mit der Länge $l_n = \dfrac{1}{n^d}$ für $n > 1$, welche wir am Nullpunkt beginnen lassen und die dann am Punkt -1 auf der x–Achse konvergiert: Wir bestimmen hierzu die Größe des Terms $p_n = \left(\dfrac{n - n^{2d}}{n} \right)$ für alle $n > 1$, zeichnen die Kette der Vektoren $l_n = \dfrac{1}{n^d}$ jeweils verkleinert mit eben diesen Faktoren $p_n = \left(\dfrac{n - n^{2d}}{n} \right)$. Als Ergebnis erhalten wir $n - 1$ Abbildungen der Kette der Vektoren der alternierenden Zetafunktion mit $Re(s) = d$ (mit $n > 1$) ausgehend vom Nullpunkt, welche alle ineinandergeschachtelt sind im Sinne einer Zentralprojektion mit Zentrum im Nullpunkt(illustriert in Abbildung 9.3), wobei zu berücksichtigen ist, dass die dargestellte Zetafunktion (für $n > 1$) nicht am Punkt -1 auf der x–Achse konvergieren kann, da wir kein Beispiel einer Zetafunktion kennen, welche für einen anderen Wert als $Re(s) = 0,5$ am Nullpunkt konvergiert. Würde hingegen $Re(s) = 0,5$ gewählt, so würde die Kette der Vektoren der alternierenden Zetafunktion(mit $n \geq 2$) zwar am Punkt -1 auf der x–Achse konvergieren, die Abschnitte C wiesen dann aber alle die Länge 0 auf, wären nicht darstellbar. Für Abbildung 9.3 wurde deshalb ein geeigneterer Wert von $Re(s) = 0,35$ gewählt.

Die kleinste dieser Abbildungen ist z.B. verkleinert mit dem Faktor(für n=2 und d=0,35): $p_2 = \left(\dfrac{2 - 2^{2d}}{2} \right) = 1 - \left(\dfrac{1}{2^{0.3}} \right)$. Wir erhalten dann die gesuchte Kette

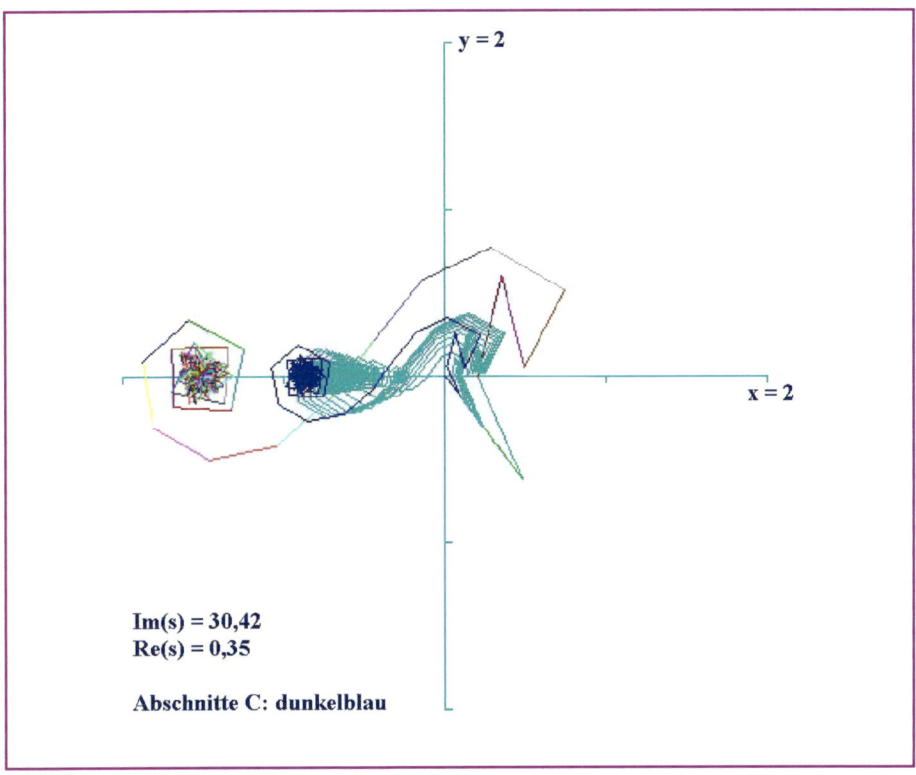

Abbildung 9.3:

Etafunktion(mehrfarbig) für Re(s)=d=0,35, Im(s)=30,42, $(n \geq 2)$, beginnend am Nullpunkt und ineinandergeschachtelte, mit den Faktoren $p_n = \left(\frac{n-n^{2d}}{n}\right)$ verkleinerte Abbilder(türkis) sowie die resultierende Kette der Abschnitte C_n (dunkelblau)

der Abschnitte C_n, wenn wir für n=2 den ersten Vektor der kleinsten Abbildung übernehmen, dann den zweiten(für n=3) Vektor der zweitkleinsten Abbildung, diesen so parallel verschieben, dass seine Basis an der Spitze des ersten Vektors zu liegen kommt. Entsprechend verfahren wir mit den weiteren Vektoren. Für große Werte von n werden die Vektoren den Vektoren der alternierenden Zetafunktion für den Wert $Re(s) = d$ immer ähnlicher. Wir bilden also eine Kette von Vektoren, die aus jeder der $(n-1)$ — verkleinerten Abbildungen der alternierenden Zetafunktion für den Wert $Re(s) = d$ jeweils einen einzigen Vektor entlehnt. Die

Konvergenzpunkte der ineinandergeschachtelten verkleinerten Abbilder liegen alle auf der x–Achse im Abschnitt $-1 < x < 0$, da sie durch Zentralprojektion der am Punkt $-1 + 0 \cdot i$ konvergierenden Vektorenkette der alternierenden Zetafunktion mit $Re(s) = d$ und n>1 auf den Nullpunkt durch Multiplikation der Moduli dieser Vektoren mit den Faktoren $p_n = \left(\dfrac{n - n^{2d}}{n} \right)$ (für n>1), für welche gilt: $0 < p_n < 1$, entstehen.

Wir können dann mit gutem Recht erwarten, dass der Konvergenzpunkt der Abschnitte C_n im wesentlichen im Bereich zwischen der Position des Konvergenzpunktes des kleinsten Abbildes und dem Punkt -1 auf der x–Achse zu finden sein wird. Ist die Summe der Abschnitte C_n vernachlässigbar, wie gefordert, sollte es für zwei zur kritischen Gerade symmetrische Werte von s Nullstellen der alternierenden Zetafunktion geben, so muss sie jedoch am Nullpunkt konvergieren (Diese Zusammenhänge sind illustriert in Abbildung 9.3 und 9.4).

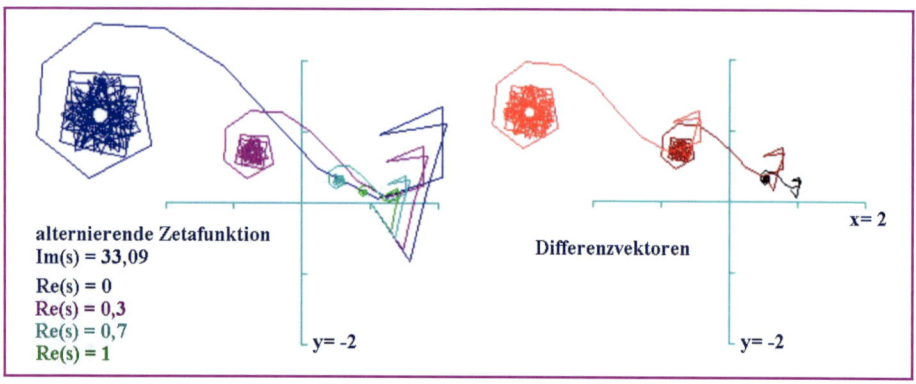

alternierende Zetafunktion
Im(s) = 33,09

Re(s) = 0
Re(s) = 0,3
Re(s) = 0,7
Re(s) = 1

Differenzvektoren

x= 2

y= -2

y= -2

Abbildung 9.4:

Ähnlichkeit der Differenzvektoren und der Zetafunktionen für unterschiedliche Werte von $Re(s)$

Kapitel 10

Produktfunktionen $\frac{m}{m^s}\zeta_{alt}(s)$ und $m^{\bar{s}}\zeta_{alt}(s)$

10.1 Verlauf der Produktfunktionen

Wie aus Abbildung 2.1, Seite 14 ersichtlich ist, entsprechen die Produktfunktionen
$(m/(m^s))\zeta_{alt}(s)$ und $m^{\bar{s}}\zeta_{alt}(s)$ mit $m \in \mathbb{N}$ vergrößerten oder verkleinerten Abbildungen der alternierenden Zetafunktion, welche gegenüber dieser um das für beide Faktoren $\frac{m}{m^s}$ und $m^{\bar{s}}$ identische Argument rotiert sind. Da für die nachfolgenden Überlegungen zum Konvergenzverhalten diese Rotation unerheblich ist, sind in den Abbildungen entweder die Produktfunktionen oder die alternierende Zetafunktion jeweils so um das identische Argument der Faktoren $\frac{m}{m^s}$ und $m^{\bar{s}}$ rotiert, dass die Argumente der Vektoren v_n aller Funktionen gleich sind und die Verläufe besser verglichen werden können. Auch im Text wird immer davon ausgegangen, dass die Argumente der Vektoren der alternierenden Zetafunktion und der Produktfunktionen durch entsprechende Rotation zur Übereinstimmung gebracht wurden.

Beide Produktfunktionen müssen im Falle einer Nullstelle der alternierenden Zetafunktion am Nullpunkt konvergieren, nehmen aber für (fast) alle Werte von $Re(s)$ ganz unterschiedliche Verläufe. Nur für einen einzigen Wert von $Re(s)$ werden sie identisch. Für diesen gilt:

$$m^{\bar{s}}\zeta_{alt}(s) = \frac{m}{m^s}\zeta_{alt}(s)$$

$$m^{\bar{s}} = \frac{m}{m^s}$$

$$m^{\bar{s}} * m^s = m$$

Die Multiplikation einer komplexen Zahl mit ihrem konjugierten Wert ergibt eine auf der x- Achse liegende reelle Zahl, deren Betrag dem Produkt(Quadrat) des Betrages der zwei zueinander konjugierten komplexen Zahlen entspricht. Dann gilt:

$$m^{Re(\bar{s})}m^{Re(s)} = m$$

$$m^{2Re(s)} = m$$

$$Re(s) = 0,5$$

Dies folgt aus der Beziehung $\sqrt{2} = \dfrac{2}{\sqrt{2}}$, welche wenig überraschend wirkt in der Form $\sqrt{2} = \dfrac{\sqrt{2}\sqrt{2}}{\sqrt{2}}$. Schreiben wir aber

$$\frac{1}{\sqrt{2}} + \frac{1}{\sqrt{2}} = \sqrt{2}$$

oder entsprechend z.B.

$$\frac{1}{\sqrt{3}} + \frac{1}{\sqrt{3}} + \frac{1}{\sqrt{3}} = \sqrt{3}$$

so erscheint diese Beziehung erstaunlich, ja wunderbar.

Für den Wert $Re(s) = 0,5$ werden die beiden Funktionen $\dfrac{m}{m^s}\zeta_{alt}(s)$ und $m^{\bar{s}}\zeta_{alt}(s)$ also identisch. Illustriert ist dies in Abbildung 10.1, Seite 85 und 10.2, Seite 86.

10.2 Inkommensurabilität der Differenzvektoren der Produktfunktionen

Auch hier erhalten wir Formeln für die Berechnung von Differenzvektoren, nun für den hypothetischen Fall von Nullstellen für Werte von $Re(s) \neq 0,5$ zwischen den

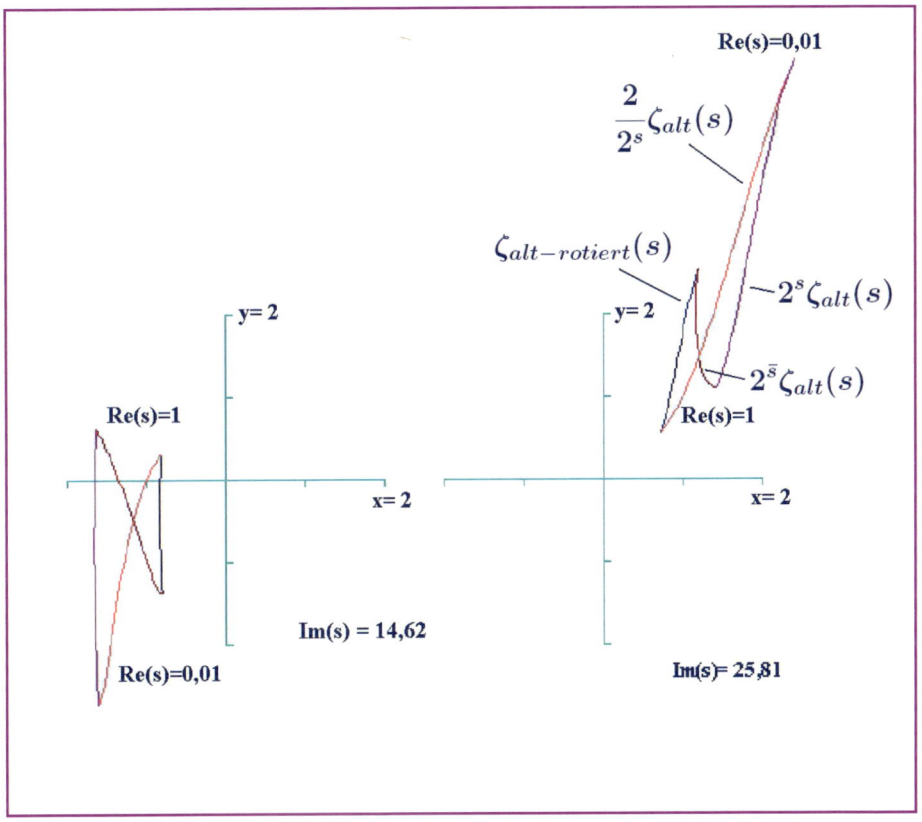

Abbildung 10.1:

Kreuzungsfigur der Lage der Konvergenzpunkte der Funktionen $\frac{2}{2^s}\zeta_{alt}(s)$ und $2^{\bar{s}}\zeta_{alt}(s)$ für unterschiedliche Werte von $Re(s)$. Die alternierende Zetafunktion ist zur besseren Vergleichbarkeit wie im Text angegeben um das Argument der Faktoren $\frac{m}{m^s}$ und $m^{\bar{s}}$ rotiert.

vier am Nullpunkt konvergierenden Produkten der alternierenden Zetafunktion und der für beide Produkte identischen Funktion für $Re(s) = 0,5$.

Nehmen wir an, es gebe zwei Werte $Re(s) = 0,5 \pm d$ (die Größe d bezieht sich in den nachfolgenden Betrachtungen auf den Wert $Re(s) = 0,5$ nicht wie bisher auf $Re(s) = 0$) innerhalb des kritischen Streifens, welche zu einer Nullstelle der

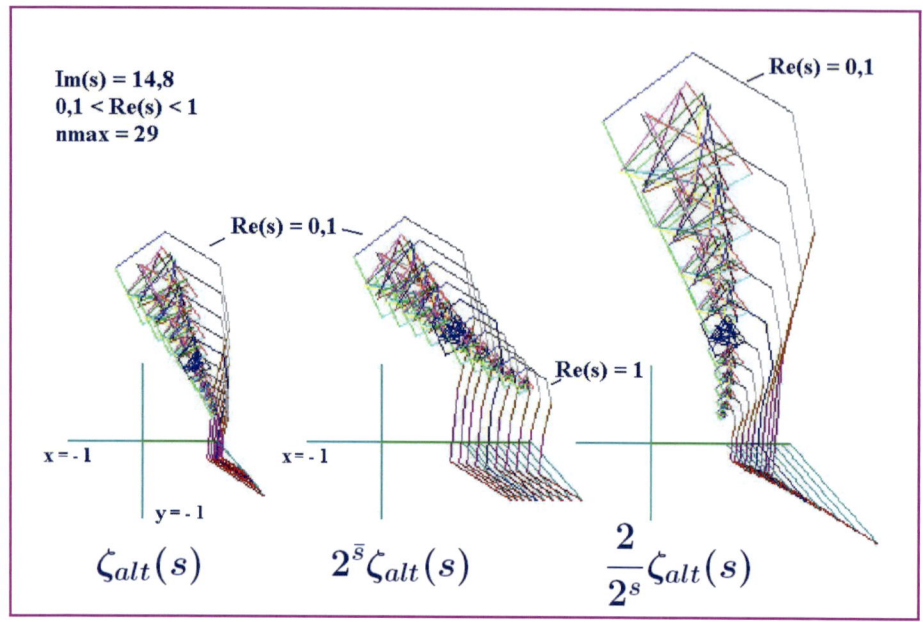

Im(s) = 14,8
0,1 < Re(s) < 1
nmax = 29

Re(s) = 0,1

Re(s) = 0,1

Re(s) = 1

x = -1

x = -1

y = -1

$\zeta_{alt}(s)$ $2^{\bar{s}}\zeta_{alt}(s)$ $\dfrac{2}{2^s}\zeta_{alt}(s)$

Abbildung 10.2:

Vergleich des Konvergenzverhaltens der (rotierten)Funktionen $\dfrac{2}{2^s}\zeta_{alt}(s)$ und $2^{\bar{s}}\zeta_{alt}(s)$ für unterschiedliche $Re(s)$

alternierenden Zetafunktion (bei geeignetem Wert von $Im(s)$) führen könnten. Betrachten wir unter dieser Annahme das Schicksal unserer zwei Funktionen

$$F1 = m^{\bar{s}}\zeta_{alt}(s)$$

und

$$F2 = \frac{m}{m^s}\zeta_{alt}(s)$$

Wir wissen, F1 und F2 konvergieren für den Wert $Re(s) = 0,5$ (da identisch) an einem vom Nullpunkt verschiedenen Punkt $P_{0,5}$ der Zahlenebene. Wir wissen auch, im angenommenen Fall müssen für einen bestimmten Wert $Re(s) = 0,5+d$ beide Funktionen am Nullpunkt konvergieren. Damit können wir die Differenz-vektoren n_d der jeweiligen Funktionen für die Werte $Re(s) = 0,5 + d$ und $Re(s) = 0,5$ bestimmen. Addieren wir die einzelnen Vektoren n der Funktion

F1 für $Re(s) = 0,5$ und die entsprechenden Differenzvektoren n_d zur Funktion F1 für den Wert $Re(s) = 0,5 + d$, so muss die Summe dieser Vektoren am Nullpunkt konvergieren. Entsprechendes gilt für die Funktion F2 sowie für beide Funktionen für den Wert $Re(s) = 0,5 - d$.

Hierdurch wissen wir, dass beide Summen der Differenzvektoren der Funktion F1 ebenso wie auch die zwei Summen der Differenzvektoren der Funktion F2 an dem Punkt $-P_{0,5}$ der Zahlenebene konvergieren müssen, der der Negation des Punktes $P_{0,5}$ entspricht, an welchem F1 und F2 für $Re(s) = 0,5$ konvergieren.

Dabei entsprechen die Argumente der Vektoren jeweils den Argumenten der Vektoren der, entsprechend der Anmerkung auf Seite 83 rotierten, alternierenden Zetafunktion, für die Längen aber gilt:

Vektor n der Funktion F1 für $Re(s) = 0,5$: $n_{F1} = \dfrac{m^{0,5}}{n^{0,5}}$

Vektor n der Funktion F2 für $Re(s) = 0,5$: $n_{F2} = \dfrac{m}{m^{0,5}n^{0,5}} = \dfrac{m^{0,5}}{n^{0,5}}$

Vektor p der Funktion F1 für $Re(s) = 0,5 + d$: $p_{F1} = \dfrac{m^{0,5+d}}{n^{0,5+d}} = \dfrac{m^{0,5}m^d}{n^{0,5}n^d}$

Vektor p der Funktion F2 für $Re(s) = 0,5+d$: $p_{F2} = \dfrac{m}{m^{0,5+d}n^{0,5+d}} = \dfrac{m}{m^{0,5}m^d n^{0,5}n^d}$

Die Differenzvektoren erhalten wir durch Subtraktion der jeweiligen Vektoren:

Differenzvektor n_{dF1} der Funktion F1:

$$n_{dF1} = p_{F1} - n_{F1} = \frac{m^{0,5+d}}{n^{0,5+d}} - \frac{m^{0,5}}{n^{0,5}} = \frac{m^{0,5}m^d}{n^{0,5}n^d} - \frac{m^{0,5}}{n^{0,5}}$$

hieraus ergibt sich:

$$n_{dF1} = \frac{m^{0,5}}{n^{0,5}}\left(\frac{m^d}{n^d} - 1\right) \qquad (10.1)$$

Differenzvektor n_{dF2} der Funktion F2:

$$n_{dF2} = p_{F2} - n_{F2} = \frac{m}{m^{0,5+d}n^{0,5+d}} - \frac{m}{m^{0,5}n^{0,5}}$$

es folgt:

$$n_{dF2} = \frac{m}{m^{0,5}m^d n^{0,5}n^d} - \frac{m}{m^{0,5}n^{0,5}}$$

durch weitere Umformung erhalten wir:

$$n_{dF2} = \frac{m^{0,5}}{n^{0,5}}\left(\frac{1}{m^d n^d} - 1\right) \tag{10.2}$$

Um die Moduli der Differenzvektoren zu erhalten (zwischen Funktion F1 für $Re(s) = 0,5$ und $Re(s) = 0,5 + d$, entsprechend für F2), multiplizieren wir nach Gleichung 10.1 und 10.2 den für den Wert $Re(s) = 0,5$ für beide Funktionen F1 und F2 identischen Modulus des Vektors

$$v_{n_{0,5}} = \left(\frac{m^{0,5}}{n^{0,5}}\right)$$

mit für jeden Vektor v_n und für F1 und F2 jeweils unterschiedlichen Faktoren $p_{Fx_{plus}}$. Diese haben folgende Werte (aufgeführt sind auch die mit $p_{Fx_{minus}}$ benannten Faktoren, mit welchen wir die Vektoren multiplizieren müssen, wenn wir die Nullstelle für $Re(s) = 0,5 - d$ betrachten):

$$p_{F1_{plus}} = \left(\frac{m^d}{n^d} - 1\right)$$

$$p_{F1_{minus}} = \left(\frac{n^d}{m^d} - 1\right)$$

$$p_{F2_{plus}} = \left(\frac{1}{m^d n^d} - 1\right)$$

$$p_{F2_{minus}} = \left(\frac{m^d n^d}{1} - 1\right)$$

Wir erhalten die Reihen der vier Differenzvektoren $n_{dF1plus}$, $n_{dF1minus}$ sowie $n_{dF2plus}$ und $n_{dF2minus}$, deren Summen jeweils am Punkt $-P_{0,5}$ konvergieren müssen, indem wir die identischen Vektoren v_n von F1 und F2 jeweils mit vier für jedes n ganz unterschiedlichen Faktoren multiplizieren. Da die Vektoren ursprünglich identisch waren, scheint es schwerlich möglich, dass die Summen der hierdurch entstehenden Vektoren $n_{dF1plus}$, $n_{dF1minus}$ sowie $n_{dF2plus}$ und $n_{dF2minus}$ an dem einen gemeinsamen Punkt $-P_{0,5}$ konvergieren.

Sollte „zufällig" dies doch einmal der Fall sein(wobei es schon fast unschicklich ist, darüber überhaupt nachzudenken), dann muss derselbe Vorgang auch mit anderen Werten von m möglich sein. Verändern wir m so verändern wir wie wir aus den entsprechenden Gleichungen (10.1, Seite 87) und (10.2, Seite 88) ersehen können auch die Proportionalität der Differenzvektoren n_{dF1} bzw. n_{dF2} für jeden Wert von m. Wir wissen, F1 und F2 konvergieren im angenommenen Beispiel für $Re(s) = 0,5$ und $m + 1$ und m an Punkten, deren Distanz zum Nullpunkt dem Verhältnis $\dfrac{\sqrt{m+1}}{\sqrt{m}}$ entspricht.

Es müsste also zunächst gelingen, wie im letzten Abschnitt angeführt, durch jeweils ganz unterschiedliche Streckung der für $Re(s) = 0,5$ identischen in der Summe am Punkt $P_{0,5}$ konvergierenden Vektoren von F1 und F2 für jeden Wert von m zu erreichen, dass die Summen der hierdurch erhaltenen Differenzvektoren $n_{dF1plus}$, $n_{dF1minus}$, $n_{dF2plus}$ und $n_{dF2minus}$ an dem zugeordneten Punkt $-P_{0,5}$ konvergieren. Dieses Mirakulum müsste sich für alle anderen Werte von m wiederum jeweils für 4 unterschiedliche Streckungen der einzelnen Vektorenlängen in neuartiger Weise wiederholen. Im nächsten Abschnitt soll dies detaillierter betrachtet werden.

10.3   Differenzvektoren der Produktfunktionen für unterschiedliche Werte von m

Die Moduli der Konvergenzpunkte der Summen dieser Differenzvektoren für F1 und F2 für $m + 1$ und m müssten der einfachen Proportion $\dfrac{\sqrt{m+1}}{\sqrt{m}}$ genügen, da ja die Konvergenzpunkte der Summen der jeweiligen Differenzvektoren spiegelbildlich zum Nullpunkt zu den zwei Konvergenzpunkten von F1 und F2 (mit $Re(s) = 0,5$) für $m + 1$ und m zu liegen kommen müssten.

Und dies müsste für alle Werte von m erfüllt sein:

Die Proportion der Distanzen der Konvergenzpunkte der Funktionen F1(resp. F2) für verschiedene Werte von m (für $Re(s) = 0,5$) entspricht dem Verhältnis der Quadratwurzeln der jeweiligen Werte von m: Dies ergibt sich aus der Multiplikation der alternierenden Zetafunktion mit den Faktoren $m^{0,5}$ resp. $\dfrac{m}{m^{0,5}}$, aber natürlich auch dem entsprechenden Verhältnis der Vektorenlängen: So ergibt sich die Proportion p der Längen der Vektoren der Funktion F1 für $(m + 1)$ und m (und $Re(s) = 0,5$) zu:

$$p = \frac{(m+1)^{0,5}}{n^{0,5}} : \frac{m^{0,5}}{n^{0,5}} = \frac{(m+1)^{0,5}n^{0,5}}{n^{0,5}m^{0,5}} = \frac{(m+1)^{0,5}}{m^{0,5}} = \frac{\sqrt{m+1}}{\sqrt{m}} \qquad (10.3)$$

Wir erkennen selbstverständlich diese einfache Proportion in den Längen der Vektoren wie auch in der Proportion der Distanzen der Konvergenzpunkte der Summen der Vektoren. Sollen sich Nullstellen für Werte $Re(s) = 0,5 \pm d$ ergeben, so konvergieren F1 und F2 für $Re(s) = 0,5$ nicht am Nullpunkt. Damit müsste sich aber diese einfache Proportion aus Gleichung 10.3 auch im Verhältnis der Distanzen der Konvergenzpunkte der Summen der Differenzvektoren n_{dF1} und n_{dF2} der jeweiligen Funktionen F1(und F2) (für $Re(s) = 0,5+d$ und $Re(s) = 0,5$) für die unterschiedlichen Werte von $(m+1)$ und m wiederspiegeln. Aus Gleichung 10.1, Seite 87 ergibt sich zum Beispiel der Modulus des Differenzvektors für die Funktion F1 für $Re(s) = 0,5 + d$ zu:

$$n_{dF1} = \frac{m^{0,5}}{n^{0,5}} \left(\frac{m^d}{n^d} - 1 \right)$$

Berechnen wir nun die Proportion p der Differenzvektoren für $m + 1$ und m:

$$p = \frac{\frac{(m+1)^{0,5}}{n^{0,5}} \left(\frac{(m+1)^d}{n^d} - 1 \right)}{\frac{m^{0,5}}{n^{0,5}} \left(\frac{m^d}{n^d} - 1 \right)}$$

hieraus ergibt sich durch Umformung:

$$p = \left(\frac{(m+1)^{0,5}}{m^{0,5}} \right) \left(\frac{(m+1)^d - n^d}{m^d - n^d} \right) \tag{10.4}$$

Wir sehen die einfache Proportion der Längen der Vektoren, und damit auch der Moduli der Konvergenzpunkte der Summen, der Funktion F1 für $m + 1$ und m als Term $p_{0,5} = \left(\frac{(m + 1)^{0,5}}{m^{0,5}} \right)$ in der Proportion der Differenzvektoren für $m + 1$ und m in Gleichung 10.4 zwar enthalten, aber für jeden Wert von $m + 1$ bzw. m und auch für jeden Vektor n verändert. Entsprechendes gilt für die Funktion F2 (berechnet für $Re(s) = 0,5 + d$): Aus der Gleichung für die Moduli der Differenzvektoren für m:

$$n_{dF2} = \frac{m^{0,5}}{n^{0,5}} \left(\frac{1}{m^d n^d} - 1 \right)$$

folgt für die Proportion der Differenzvektoren für $(m + 1)$ und m:

$$p = \frac{\frac{(m+1)^{0,5}}{n^{0,5}} \left(\frac{1}{(m+1)^d n^d} - 1 \right)}{\frac{m^{0,5}}{n^{0,5}} \left(\frac{1}{m^d n^d} - 1 \right)}$$

wir können schreiben:

$$p = \frac{(m+1)^{0,5}(1-(m+1)^d n^d) n^{0,5} m^d n^d}{(m+1)^d n^{0,5} n^d m^{0,5}(1-m^d n^d)}$$

weitere Umformung ergibt:

$$p = \frac{(m+1)^{0,5}}{m^{0,5}}\left(\frac{m^d - (m+1)^d m^d n^d}{(m+1)^d - (m+1)^d m^d n^d}\right)$$

Daraus folgt:

$$p = \frac{(m+1)^{0,5}}{m^{0,5}}\frac{m^d}{(m+1)^d}\frac{(1-(m+1)^d n^d)}{(1-m^d n^d)} \tag{10.5}$$

Sollte die Summe der Differenzvektoren der Funktion F1(mit $Re(s) = 0,5$) für einen bestimmten Wert von m und $Re(s) = 0,5+d$ am zum Nullpunkt gespiegelten Konvergenzpunkt der Funktion F1 konvergieren und ebenso die Summe der Differenzvektoren von F2, so könnte man sich noch vorstellen, dass sich dieser Vorgang auch für andere Werte von m wiederholen könnte, wenn die Differenzvektoren für unterschiedliche Werte von m dasselbe einfache Verhältnis zueinander aufweisen würden wie sie die Vektoren der Funktionen F1 bzw. F2 für die jeweiligen Werte von m aufweisen. Tatsächlich ist ja diese einfache Proportion $p_{0,5} = \frac{(m+1)^{0,5}}{m^{0,5}}$ als erster Term der Gleichungen 10.4 und 10.5 in diesem Verhältnis enthalten, wird aber für $Re(s) = 0,5 + d$ für F1 durch den Faktor $f_1 = \left(\frac{(m+1)^d - n^d}{m^d - n^d}\right)$ und für F2 durch den Faktor $f_2 = \frac{m^d}{(m+1)^d}\cdot\frac{1-(m+1)^d n^d}{1-m^d n^d}$ für jeden Wert von m und n spezifisch verändert. Entsprechendes gilt auch für das Verhältnis der Moduli der Summen der entsprechenden Differenzvektoren für $Re(s) = 0,5 - d$. Die Proportion der Distanzen der Konvergenzpunkte der Differenzvektoren sowohl für F1 wie auch F2 zum Nullpunkt müsste aber in der Proportion der jeweiligen Quadratwurzeln der Werte von $m+1$ und m für unendlich viele Werte von m gewährleistet sein.

Dies ist aber, wie aus den Gleichungen 10.4 und 10.5 ersichtlich, nicht möglich und konnte so ja auch noch für keinen Wert von $Im(s)$ beobachtet werden. Zudem müssen wir bedenken, dass bei den extrem hohen Werten von $Im(s) > 10^{12}$, welche inzwischen ja untersucht sind, die Schleife der Vektoren vor der endgültigen sternförmigen Konvergenzbewegung außerordentlich lang ist. Umso schwieriger wird es, den geschilderten Erfordernissen gerecht werden, nehmen wir Nullstellen auch für Werte $Re(s) \neq 0,5$ an.

10.3.1 Unbestimmtheit der Proportion der Produktfunktionen für einzelne Differenzvektoren

Wie oben dargelegt könnte man sich vorstellen, dass die Summe der Differenzvektoren für unterschiedliche Werte von $m+1$ und m an Punkten konvergiert, deren Moduli das geforderte Verhältnis $p = \dfrac{(m+1)^{0,5}}{m^{0,5}}$ aufweisen, wenn ihre Vektoren ebenfalls diese Proportion aufwiesen. Tatsächlich lässt sich aber diese Proportion der Differenzvektoren nicht durchgehend bestimmen: Die Länge des Vektors $n_{F1} = \dfrac{m^{0,5}}{n^{0,5}}$ mit $n = m$ ist bei der Funktion F1 für alle Werte von $Re(s)$ gleich 1. Damit ist die Länge des Differenzvektors der Funktion F1 mit $n = m$ gleich 0. Die entsprechenden Proportionalitätsfaktoren

$$p_{F1_{plus}} = \left(\frac{m^d}{n^d} - 1\right) \text{ und } p_{F1_{minus}} = \left(\frac{n^d}{m^d} - 1\right)$$

werden (für $n = m$) jeweils Null, so dass der Modulus des resultierenden Differenzvektors nach der Multiplikation des für $Re(s) = 0,5$ identischen Vektors der Funktionen F1 und F2 mit diesem Faktor ebenfalls gleich Null wird.

Damit kann die Proportion dieses Differenzvektors zum entsprechenden Differenzvektor von F1 für einen anderen Wert von m nicht bestimmt werden. Wollten wir also die Proportion der Differenzvektoren der Funktion F1 für unterschiedliche Werte von m durch Bestimmung der Proportion der einzelnen Vektoren bestimmen, so wäre diese Proportion je nach Betrachtung in einem Fall 0, im anderen könnte sie nicht bestimmt werden, da wir sonst durch 0 dividieren müssten. Dieses Verhältnis der Differenzvektoren der Funktion F1 für verschiedene Werte von m oder auch im Vergleich mit den Summen der Differenzvektoren der Funktion F2 ist also nicht in jedem Fall bestimmbar, müsste gleichwohl im Verhältnis der Moduli der Summen dem oben dargestellten wohldefinierten Verhältnis für $m+1$ und m: $p_{0,5} = \dfrac{\sqrt{m+1}}{\sqrt{m}}$ entsprechen.

10.4 Gegensinnige Argumente der Differenzvektoren

Für Vektoren v_n mit $n < m$ erhalten wir für die Differenzvektoren der Funktionen F1 und F2 mit $Re(s) = 0,5 \pm d$ (mit $d \neq 0$) gegensinnige Argumente, da die

Vektoren der einen Funktion größer, der anderen kleiner werden verglichen mit den identischen Vektoren beider Funktionen für den Wert $Re(s) = 0, 5$. Dies ist z.B. in Abbildung 6.1, Seite 59 Mitte und rechts für m=2 dargestellt. Auch dieser Effekt wirkt einem Konvergieren der Summen der Differenzvektoren an einem Punkt entgegen.

Wählen wir aber $m > \dfrac{Im(s)}{\pi}$ und $Re(s) = 0, 5 \pm d$ (mit $d \neq 0$), so werden alle in der Schleife vor Beginn der endgültigen Konvergenzbewegung enthaltenen Vektoren der einen der beiden Funktionen F1 und F2 für diesen Wert von $Re(s)$ größer, der anderen kleiner als die für $Re(s) = 0, 5$ jeweils identischen. Damit erhalten alle entsprechenden Differenzvektoren wiederum gegensinnige Argumente, wodurch sich der Effekt der „Abstoßung" der Partialsummen durchgehend verstärkt. Erst für Werte von $n > m$ werden die Argumente gleichsinnig, dann ist aber bereits die Figur des Konvergenzsternes erreicht, und es kann keine wesentliche Verschiebung der Konvergenzpunkte der Kette der Differenzvektoren mehr erfolgen.

Zudem müssen alle genannten Bedingungen und Proportionen nicht nur für einen Wert $Re(s) = 0, 5 + d$, sondern auch für sein Pendant $Re(s) = 0, 5 - d$ erfüllt sein. Interessanterweise sind diese Überlegungen aber auch schlüssig, wenn wir sie nur für einen dieser zwei zur kritischen Gerade symmetrischen Werte von s betrachten. Sie belegen, dass es auch keine singuläre Nullstelle mit nur einem von $Re(s) = 0, 5$ verschiedenen Realteil von s geben könnte.

10.5 Unterschiedliche Relativgeschwindigkeit der Konvergenzpunkte der alternierenden Zeta-funktion und ihrer Produkte

Wir wissen, erinnern wir uns an Abbildung 10.1, Seite 85, beide Funktionen F1 und F2 konvergieren für einen Wert von $Re(s) = 1$ an unterschiedlichen Punkten. Da Nullstellen für $Re(s) = 1$ und $Re(s) = 0$ nicht möglich sind(eine entscheidende Aussage der Beweise des Primzahltheorems durch J. Hadamard und C. de la Vallée Poussin[2]), ist sicher, dass für den Wert $Re(s) = 1$ die Funktion $F1 = 2^{\bar{s}}\zeta_{alt}(s)$ doppelt so weit vom Nullpunkt entfernt konvergiert als die Funktion $F2 = \frac{2}{2^s}\zeta_{alt}(s)$. Der Konvergenzpunkt der letzteren fällt mit dem der (um das Argument der Faktoren $\frac{2}{2^s}$ und $2^{\bar{s}}$ rotierten) alternierenden Zetafunktion zusammen, da der Faktor, mit welchem die Moduli der Vektoren im Falle von F2 multipliziert wird ($\frac{2}{2^s}$) den Wert 1 annimmt, der Faktor $2^{\bar{s}}$ (für F1) dagegen den Wert 2. Verändern wir den Wert $Re(s)$ sukzessive in Richtung 0, so erfolgt eine allmähliche Annäherung der zwei Konvergenzpunkte. Aus Abbildung 6.1, Seite 59, können wir erkennen, dass sich die Konvergenzpunkte für einen Wert von $Im(s)$, welcher zu einer Nullstelle der alternierenden Zetafunktion führt, dann immer mehr einander annähern müssen, da die Differenz der zwei Faktoren $2^{\bar{s}}$ und $\frac{2}{2^s}$ immer geringer wird. Dabei „holt" der zuerst weiter vom Zentrum des Koordinatensystems entfernte Konvergenzpunkt allmählich den Konvergenzpunkt, der sich zunächst näher zum Zentrum des Koordinatensystems befand, „ein". Die Geschwindigkeiten, mit der sich diese Konvergenzpunkte bei gleicher Änderung des Wertes $Re(s)$ durch das Koordinatensystem bewegen, unterscheiden sich. Der zunächst weiter vom Zentrum entfernte Konvergenzpunktpunkt muss sich schneller bewegen, nähert sich hierdurch dem zunächst „langsameren" Konvergenzpunkt immer mehr an. Für $Re(s) = 0,5$ konvergieren sie am selben Punkt, da beide Faktoren identisch sind. Vermindern wir den Wert von $Re(s)$ aber weiter, so erkennen wir anhand Abbildung 6.1, Seite 59, dass sich nun die Effekte umkehren müssen: Der Konvergenzpunkt, welcher zunächst langsamer war, beschleunigt nun stärker, entfernt sich schneller vom gemeinsamen Konvergenzpunkt als der andere Konvergenzpunkt, dessen Bewegung durch das Koordinatensystem sich allmählich verlangsamt. Dies deshalb, da nun der Faktor, welcher im Bereich $0,5 < Re(s) < 1$ kleiner war, der Faktor $\frac{2}{2^s}$ nämlich, größer wird als der Faktor $2^{\bar{s}}$. Hierdurch werden alle einzelnen Vektoren der Funktion $\frac{2}{2^s}\zeta_{alt}(s)$ größer als die entsprechenden Vektoren der Funktion $2^{\bar{s}}\zeta_{alt}(s)$. So wird sich nach dem auf Seite 58 dargestellten Prinzip der „Abstoßung der Partialsummen" der Konvergenzpunkt der ersteren Funktion im Bereich $0 < Re(s) < 0,5$ auf den gemeinsamen Konvergenzpunkt für $Re(s) = 0,5$ bezogen, in aller Regel stärker als der Konvergenzpunkt der Funktion $2^{\bar{s}}\zeta_{alt}(s)$ verschieben.

Alle Veränderungen der Faktoren wie auch der einzelnen Vektoren der Produktfunktionen verlaufen dabei absolut stetig. Da die Konvergenzpunkte ihre Rolle als „Verfolger" und „Verfolgter" vertauschen, wenn der Wert von $Re(s)$ von einer Seite der x–Achse von 0.5 zur anderen wechselt, so ist es schwer möglich, dass nach dem Treffen am gemeinsamen Konvergenzpunkt die dann vorauseilende Funktion ihren Lauf wieder verlangsamt und so der zurückbleibenden Gelegenheit gibt, die schon enteilte wieder „einzuholen" (und dies noch exakt für den zu $Re(s = 0,5)$ symmetrischen Realwert). Dies wäre aber notwendig, wenn der Punkt, an welchem beide Funktionen konvergieren(für $Re(s) = 0.5$) nicht der Nullpunkt wäre.

Kapitel 11

Zusammenfassung

Wir haben einige Zusammenhänge gesehen, welche uns verständlich machen können, weshalb wir Nullstellen der Etafunktion und damit auch der Riemannschen Zetafunktion im Bereich der komplexen Zahlenebene mit $0 < Re(s) < 1$ bisher nur für den Wert $Re(s) = 0,5$ haben finden können.

Es leuchtet unmittelbar ein, dass zwei Vektorenketten, bei welchen jeder einzelne Vektor bei identischen Argumenten eine ganz einzigartige Proportion (abgesehen vom ersten Vektor) des Modulus zu seinem Pendant aufweist, eher selten am selben Punkt der Zahlenebene konvergieren. Wir kennen solche Fälle, in diesen liegen aber beide Werte von $Re(s)$ der an einem Punkt konvergierenden Etafunktionen nicht symmetrisch zur kritischen Geraden. Für eine Widerlegung der Riemannschen Hypothese ist aber die sehr explizite Bedingung der Konvergenz zweier Etafunktionen am Nullpunkt für die Realwerte $Re(s) = 0,5 \pm d$ bei gleichem $Im(s)$ zu erfüllen.

So sind alle Vektoren v_n mit $n > 1$ der Funktion $\zeta_{alt}(s)$ mit $Re(s) < 0,5$ größer als die für $Re(s) > 0,5$. Die Konvergenzlinie, die die Bewegung des Konvergenzpunktes für die verschiedenen Werte von $Re(s)$ darstellt, muss dann eine Schleife ausbilden, wenn zwei Etafunktionen für unterschiedliche Werte von $Re(s)$ und gleichem Wert von $Im(s)$ an einem Punkt der Zahlenebene konvergieren sollen. Eine solche kann nur entstehen, wenn große Abschnitte der Etafunktion entgegengesetzt gerichtet sind. Nach der Symmetrie der Etafunktion muss dies bedeuten, dass der Abschnitt der Etafunktion mit chaotisch anmutender Verteilung der Argumente der Einzelvektoren untereinander und der aus den geschwungenen Segmenten bestehende Abschnitt im wesentlichen entgegengesetzt verlaufen. Die

Konvergenzlinie vollzieht diesen Verlauf in etwa nach, wobei die bei höheren Werten von $Re(s)$ dominierende Vergrößerung des Anfangsteils der Etafunktion eine absolut gesehen nur mäßig große Verschiebung des Konvergenzpunktes bewirkt. Diese Bewegung kehrt sich dann durch die zunehmende, auch absolut gesehen rasch große Ausmaße annehmende Vergrößerung des aus den geschwungenen Segmenten bestehenden Abschnittes schon vor Erreichen des Wertes $Re(s) = 0,5$ um, die Geschwindigkeit des Konvergenzpunktes auf seiner Bewegung auf der Konvergenzlinie nimmt rasch zu. Hierdurch kann der Kreuzungspunkt der Schleife der Konvergenzlinie nicht für zwei zu $Re(s) = 0,5$ symmetrischen Werte von $Re(s)$ entstehen.

Sind bei zwei Vektorketten, z.B. der alternierenden Zetafunktion für die Werte $Re(s) = d$ und $Re(s) = 1 - d$ mit $Re(s) \neq 0,5$, die Moduli der Vektoren einer Funktion durchgehend größer als die der anderen Funktion, so ist die Wahrscheinlichkeit, dass sich die Distanz der Partialsummen mit n Vektoren mit der Addition weiterer Vektoren v_{n+1} vergrößert, größer als die Wahrscheinlichkeit, dass sich ihre Distanz verringert. Dies gilt für die Abschnitte der Eta- und der Zetafunktion, deren Vektoren zueinander i.w. randomisierte Argumente aufweisen. Es gilt auch für den Abschnitt der geschwungenen Segmente, wobei hier jetzt die Segmente die Rolle der Vektoren übernehmen.

Die Etafunktion $\zeta_{alt}(s)$ kann mit der mit dem Faktor $p = -2^s$ multiplizierten Funktion $\zeta_{odd}(s)$ nachgebildet werden. Noch exakter kann sie in reverser Richtung mit der ebenfalls um den Betrag dieses Faktors gestreckten und geeignet verschobenen (konjugierten) Funktion $\zeta_{odd}(1 - s)$ überlagert werden. Somit können wir die Etafunktion für $Re(s) = 0,5$ zusammensetzen aus zwei jeweils konjugiert–symmetrischen Hälften, die sich am Kreuzungspunkt wie in einem Scharnier gegeneinander drehen. Hierdurch kommt es unendlich oft zu Nullstellen für den Wert $Re(s) = 0,5$.

Verändert sich der Wert von $Re(s)$, so wird, nun wieder auf Grund des Effektes der Abstoßung der Partialsummen, einer der beiden Abschnitte der Etafunktion größer als der andere, wodurch eine Nullstelle verhindert wird.

Wir sind einer Vielzahl von Vektorenketten begegnet, deren Vektoren v_n für jedes n bei gleichen Argumenten spezifisch unterschiedliche Proportionen ihrer Moduli aufweisen. Dennoch sollten jeweils mehrere dieser Vektorenketten an gemeinsamen Punkten der Zahlenebene konvergieren.

Wir müssten erklären, wie solch explizit „inkommensurable" Vektorenketten an identischen Punkten der komplexen Zahlenebene konvergieren können:

Nicht nur die alternierenden Zetafunktionen für die Werte $Re(s) = d$ und $Re(s) = 1 - d$ müssten beide am Nullpunkt konvergieren.

Die Produktfunktionen $\dfrac{m}{m^s}\zeta_{alt}(s)$ und $m^{\bar{s}}\zeta_{alt}(s)$ werden für $Re(s) = 0,5$ identisch und konvergieren am Punkt $K_{0,5}$. Die vier Ketten von Differenzvektoren dieser identischen Funktionen zu den vier Produktfunktionen $\dfrac{m}{m^s}\zeta_{alt}(s)$ und $m^{\bar{s}}\zeta_{alt}(s)$ mit $Re(s) = 0,5 \pm d$ mit $0 < d < 0,5$ müssten am Punkt $-K_{0,5}$, der Negation des Punktes $K_{0,5}$, konvergieren. Dies obwohl sie Vektor für Vektor spezifisch unterschiedliche Proportionen der Moduli der Vektoren aufweisen.

Zudem müsste die Proportion der Distanzen der Konvergenzpunkte der zuletzt genannten Differenzvektoren für verschiedene Werte von m dem Verhältnis der entsprechenden Quadratwurzeln entsprechen. Dieses Verhältnis findet sich auch in den Proportionen der entsprechenden Differenzvektoren $v_{d(n)}$, aber mit einem Faktor multipliziert, welcher für jeden Wert von m, jede Funktion und jeden Wert von n unterschiedlich ist.

All diese inkommensurablen Differenzvektoren können Vektor für Vektor durch bestimmte Proportionalitätsfaktoren auseinander hervorgehen. Hierdurch weisen sie für (fast) alle Vektoren ganz spezifische Proportionen auf. Diese Proportionalität ist aber eben nicht durchgehend bestimmbar, da die Größe einzelner, jeweils unterschiedlicher Vektoren Null wird. Dennoch müssten auch diese Vektorenketten den ganz spezifischen Anforderungen an die Proportion der Moduli ihrer Konvergenzpunkte im Vergleich mit jenen anderer Funktionen genügen, sollte es zur kritischen Gerade symmetrische Nullstellen der alternierenden Zetafunktion geben.

Die Kette der Abschnitte C_n, die Differenzvektoren der beiden Zetafunktionen mit $Re(s) = 0,5 \pm d$ mit $n > 1$ müsste $0 + 0 \cdot i$ von ihrem Ausgangspunkt konvergieren, d.h. zu ihm zurückkehren. Ihre Vektoren werden aber mit zunehmendem n den Vektoren der alternierenden Zetafunktion für $Re(s) = 0,5 - d$ mit $0 < d < 0,5$ und $n > 1$, welche wiederum von ihrem Ausgangspunkt $-1 + 0 \cdot i$ entfernt konvergiert, immer ähnlicher (illustriert in Abbildung 9.3, Seite 81).

Sehr viel wahrscheinlicher als der Fall zweier Nullstellen, die für zwei zur kritischen Gerade symmetrischen Werte von s gebildet würden, wäre, betrachten wir die Addition der einzelnen Vektoren und der Segmente und ließen wir die vor allem für $Re(s) = 0,5$ besonderen Beziehungen der Winkel zwischen den Vektoren und ihren Moduli einmal außer Acht, eine singuläre Nullstelle für einen Wert von $Re(s) \neq 0,5$. Es wäre durchaus vorstellbar, dass sich die Vergrößerungen der einzelnen Abschnitte bei Veränderung des Wertes von $Re(s)$ von 1 gegen 0 so auswirken würden, dass die Konvergenzlinie für einen solchen Wert von $Re(s)$ durch den Nullpunkt verläuft und eine einzelne, singuläre Nullstelle bilden würde. Dies wäre der allerwahrscheinlichste Fall. Möglich wäre dann, dass die Konvergenzlinie für diesen Wert von $Im(s)$ eine Schleife bilden würde. Sehr viel unwahrscheinlicher wäre es, dass der Kreuzungspunkt der Schleife auf dem Nullpunkt zu liegen kommen würde. Wiederum viel unwahrscheinlicher aber wäre es, dass dieser schon sehr unwahrscheinliche Fall sich gerade für zwei zur kritischen Gerade symmetrische Werte von s ereignen sollte. Es gibt eben starke Mechanismen in dem unterschiedlichen Ausmaß der absoluten Vergrößerung der einzelnen Vektoren und Segmente für unterschiedliche Veränderungen des Wertes $Re(s)$ vom Wert 1 zum Wert 0 die solche, zur kritischen Gerade symmetrischen Kreuzungspunkte allgemein erschweren.

Nun haben wir also eine Vielzahl von Fällen von Nullstellen, die theoretisch bei oberflächlicher Betrachtung nicht ausgeschlossen erscheinen, nicht auf der kritischen Gerade liegen und entweder singulär oder aber nicht symmetrisch zur kritischen Gerade auftreten würden. Solche Nullstellen sind aber nach der Funktionalgleichung der Riemannschen Zetafunktion nicht möglich.

Es müssten nun sehr gute Gründe angeführt werden warum diese, eigentlich viel einfacher zu verwirklichenden Nullstellen unmöglich, „nicht zugelassen" sind, der extrem unwahrscheinliche Fall zweier zur kritischen Gerade symmetrischer Nullstellen aber möglich sein sollte. Zumindest kann ich bezüglich der Veränderung des Verlaufes der Vektorenkette der Etafunktion keinen Mechanismus entdecken, der den viel unwahrscheinlicheren Fall möglich machen sollte, zugleich aber die eigentlich viel wahrscheinlicheren anderen Fälle von nicht auf der kritischen Gerade liegenden singulären oder zur kritischen Gerade nicht symmetrischen Nullstellen ausschließen könnte.

Da die Anzahl der unterschiedlichsten inkommensurablen Vektorenketten, welche doch an gemeinsamen Punkten konvergieren sollten, und auch die Menge der weiteren Bedingungen, welchen die Konvergenzpunkte der alternierenden Zetafunktionen und ihrer Produkte genügen müssten, obwohl sie auch nicht in einem einzigen Fall erfüllbar scheinen, solchermaßen sofort unendlich groß wird, wenn wir zwei zur kritischen Gerade symmetrische Nullstellen der alternierenden Zetafunktion für Werte von $Re(s) = 0,5 \pm d$ (mit $0 < d < 0,5$) postulieren, verdichten sich die Anzeichen für die Korrektheit der Riemannschen Vermutung zur Gewissheit.

Sicherlich würden all diese Probleme lösbar, wenn, „wenn" wir zwei Vektorketten für $Re(s) = 0,5 \pm d$ zeichnen könnten, die beide am Nullpunkt konvergieren. Dieses Argument lässt sich aber auch umkehren: Erst wenn wir zeigen könnten wie all diese unendlich vielen inkommensurablen Funktionen jeweils gemeinsam an den erforderlichen Punkten konvergieren könnten, wären wir in der Lage, die Vektorenketten der zwei besagten Etafunktionen am Nullpunkt konvergierend zu zeichnen.

Für den Wert $Re(s) = 0,5$ lösen sich diese Probleme sozusagen von selbst, da dann all die aufgeführten Paare und Quadrupel inkommensurabler Vektorenketten jeweils identisch werden und solcherart selbstverständlich an den geforderten Punkten konvergieren können.

(Berufenere sollten, sofern sie dies der Mühe Wert achten, diese Argumentation auch an Hand der Funktionalgleichung überprüfen können).

Dabei zeigen diese Betrachtungen, dass es für einen anderen Wert als $Re(s) = 0,5$ keine Nullstelle wird geben können.
Die eigentliche Begründung hierfür liegt aber im Zusammenspiel der Größen der natürlichen Zahlen n, ihren Quadratwurzeln und den entsprechenden Kehrwerten:

Wir konnten sehen (Seite 73), wie sich die Proportionen des Winkelzuwachses von Vektor zu Vektor und die entsprechenden Proportionen der Moduli der Vektoren der Etafunktion für die zwei Werte $Re(s) = 1$ und $Re(s) = 0,5$ gleichsinnig verändern. Hierdurch können die Teilfunktionen identische Punkte der Zahlenebene zum Zentrum ihrer endgültigen Spiralbewegung machen. Dies ist eine Voraussetzung für Nullstellen der Etafunktion, welche für $Re(s) = 1$ und $Re(s) = 0,5$ auftreten können. Nur für $Re(s) = 0,5$ aber vollziehen die Proportionen der Moduli aufeinanderfolgender Vektoren der Teilfunktionen die Veränderung der Proportionen des Winkelzuwachses der jeweils anderen Teilfunktion direkt und unmittelbar nach. Für geeignete Werte von $Im(s)$ können deshalb die Teilfunktionen $\zeta_{odd}(s)$ und $\zeta_{even}(s)$ im Gleichtakt den Nullpunkt erreichen und diesen so beeindruckend ineinander verwoben umkreisen, die alternierende Zetafunktion gegen ihn konvergieren und die Funktion $\zeta(s)$ letztlich diesen zum Zentrum ihrer endgültigen Spiralbewegung machen. Hierdurch kommt es auch zu einer nichttrivialen Nullstelle der Riemannschen Zetafunktion.

Im Falle der Produktfunktionen $\dfrac{m}{m^s}\zeta_{alt}(s)$ und $m^{\bar{s}}\zeta_{alt}(s)$
gilt nur für $Re(s) = 0,5$:
$$\frac{1}{\sqrt{2}} + \frac{1}{\sqrt{2}} = \sqrt{2}$$

bzw. allgemein:
$$m \cdot \frac{1}{\sqrt{m}} = \sqrt{m}$$

Allein auf Grund dieser ebenso einfachen wie wunderbaren Proportion können die Produktfunktionen für diesen einen Wert $Re(s) = 0,5$ identisch werden und so gemeinsam an einem Punkt konvergieren. So erweist sich die Proportion zwischen den Kehrwerten der Zahl n und ihrer Quadratwurzel $\sqrt{n}$: $\dfrac{1}{n}$ und $\dfrac{1}{\sqrt{n}}$ als entscheidend für jede Nullstelle der alternierenden und damit auch der Riemannschen Zetafunktion.

Edwards schreibt 1974 [2]: „Even today, more than a hundred years later, one cannot really give any solid reasons for saying that the truth of the Riemann hypothesis is "probable"." und fährt etwas später fort: „However, any real *reason*, any plausibility argument or heuristic basis for the statement, seems entirely lacking."

Literaturverzeichnis

[1] Riemann, G.F.B. „Über die Anzahl der Primzahlen unter einer gegebenen Grösse" Monatsber.Königl.Preuss.Akad.Wiss. Berlin, 671-680, Nov 1859.

[2] Edwards, H.M. „Riemann´s Zeta Function" ; Academic Press New York and London, 1974

[3] Titchmarsh, E.C. „The Theory of the Riemann Zeta-function", 2nd edition, revised by Heath-Brown, D.R. Oxford Science Publications, Clarendon Press 1986

[4] Sondow, J. „Zeroes of the Alternating Zeta Function on the Line $\mathbb{R}(s) = 1$" Amer. Math. Monthly 110, 435-437, 10/2003

[5] Weisstein, E. Dirichlet Eta Function – from MathWorld – A Wolfram Web Resource. http://mathworld.wolfram.com/DirichletEtaFunction.html

[6] Weisstein, E. Critical Strip – from MathWorld-A Wolfram Web Resource. http://mathworld.wolfram.com/CriticalStrip.html

[7] Gourdon,X. „The 10^{13} First Zeros of the Riemann Zeta Function, and Zeros Computation at Very Large Height" 2004. http://numbers.computation.free.fr/Constants/Miscellaneous/zetazeros1e13-1e24.pdf.

[8] Odlyzko, A. Tables of Zeroes of the Riemann Zeta Function; http://www.dtc.umn.edu/~odlyzko/zeta_tables/index.html

[9] Cipra, B. „Wer wird Millionär?" Omega, Spektrum-Spezial, Zeitschrift für Mathematik, Spektrum-Verlag 2003

[10] Grobstich, P. „Die Nullstellen der Zeta-Funktion und die Verteilung der Primzahlen" Vortrag CASK2007

[11] Hardy, G.H., „Sur les Zéros de la Fonction $\zeta(s)$ de Riemann" C.R. Acad. Sci. Paris 158, 1012-1014(1914)

Anhang A

Anhang

A.1   Ähnlichkeit der Etafunktionen für unterschiedliche $Re(s)$

Um die Zusammenhänge zwischen den einzelnen Funktionen für unterschiedliche Werte von $Re(s)$ besser verstehen zu können, betrachten wir die Abbildungen 4.3, Seite 32 und 10.2, Seite 86. Fast offensichtlich erscheint hier, dass die Linie des Konvergenzpunktes einen gebogenen Verlauf nimmt. Um uns diesen Verlauf und auch regelmäßig vorkommende Schleifenbildungen dieser Linie besser erklären zu können sollten wir Abbildungsvorgänge, über die wir die einzelnen Vektorketten für unterschiedliche Werte von $Re(s)$ auseinander hervorgehen lassen können, noch etwas näher betrachten:

Wie können wir die einzelnen Verläufe der alternierenden Zetafunktion für unterschiedliche Werte von $Re(s)$ erzeugen? Am anschaulichsten ist meines Erachtens folgende Vorgehensweise: Wir beginnen mit dem Verlauf der alternierenden Zetafunktion für den Wert $Re(s) = 0$: Alle Vektoren haben die Länge 1. Wir sehen einen bestimmten Verlauf, welchen wir in einigen Beispielen schon betrachtet haben. Wir können hierbei Schleifen, Spiralen etc. erkennen. Zuletzt umkreist die alternierende Zetafunktion einen bestimmten Punkt der Zahlenebene in einem Stern. Wir können die Verläufe für die anderen Werte von $Re(s)$, wir wollen dabei im Beispiel $Re(s) = 0,5$ und $Re(s) = 1$ wählen, wie folgt erhalten: Der erste Vektor ist für alle Funktionen gleich(Länge 1). Wir sind am Punkt 1 auf der x–Achse angelangt. Nun multiplizieren(verkleinern) wir die restlichen Vektoren, die gesamte restliche Figur mit allen Schleifen und Spiralen einmal mit den Faktoren $\frac{1}{2}$ (für $Re(s) = 1$) und $\frac{1}{\sqrt{2}}$ (für den Wert $Re(s) = 0,5$); dies kann durch proportionale Abbildung nach dem Strahlensatz, mit Zentrum beim Punkt 1 auf der x–Achse, geschehen. Nun haben die Vektoren mit $n \leq 2$ die korrekten Längen. Von ihnen gehen 3 zueinander proportionale Vektorenketten aus: Einmal die ursprüngliche von der Spitze des Vektors mit der Länge 1, alle Vektoren haben die Länge 1(für $Re(s) = 0$. Von der Spitze des Vektors der Länge $\frac{1}{\sqrt{2}}$ (für $Re(s) = 0,5$) geht eine entsprechende Vektorenkette aus, deren Vektoren alle die Länge $\frac{1}{\sqrt{2}}$ haben. Zuletzt sehen wir die kleinste Vektorenkette, alle Vektoren mit der Länge $\frac{1}{2}$ (für $Re(s) = 1$), welche vom Vektor mit Modulus $\frac{1}{2}$ ausgeht. Von diesen Abgangspunkten aus wiederholt sich das Spiel: Die Vektorenketten werden verkleinert, die kleinste, für $Re(s) = 1$, nun so, dass alle Vektoren die Länge $\frac{1}{3}$ annehmen, die Vektoren für den Wert $Re(s) = 0,5$ die Länge $\frac{1}{\sqrt{3}}$, die Vektorenkette für $Re(s) = 0$ bleibt unverändert. Dabei bleibt jeweils die Gesamtfigur mit ihren Schleifen und Spiralen erhalten, die Verkleinerung vollzieht sich bei beiden zu verkleinernden Vektorenketten parallel. Das Zentrum der Verkleinerung der Vektorenketten im zweiten Abbildungsschritt ist jeweils die Spitze des entsprechenden 2. Vektors. Dieses Spiel wiederholt sich nun unendlich oft. Bei jedem dieser Schritte ist die parallele Verkleinerung der entsprechenden Vektoren für die Funktion mit $Re(s) = 1$ relativ und absolut am größten, wenn wir die resultierenden Vektoren mit den Ausgangsvektoren mit Modulus 1 vergleichen (Abbildung 6.1, Seite 59, links).

Wir können dies auch darstellen an den Beträgen(Moduli) der Differenzvektoren, welche wir von den Vektoren der Länge 1 subtrahieren müssen, um die verkleinerten Vektoren der Funktionen mit $Re(s) = 1$ bzw. $Re(s) = 0,5$ zu erhalten: Die Länge l dieser Differenzvektoren erhalten wir durch:

$$l = \frac{1}{n^s} - 1 = \frac{1 - n^s}{n^s} \tag{A.1}$$

Beispiele der Länge einiger Differenzvektoren

n	1	2	3	4	...	100
$Re(s) = 0$	0	0	0	0		0
$Re(s) = 0,5$	0	$-\frac{1-\sqrt{2}}{\sqrt{2}}$	$-\frac{1-\sqrt{3}}{\sqrt{3}}$	$-\frac{1-\sqrt{4}}{\sqrt{4}}$		$-\frac{9}{10}$
$Re(s) = 1$	0	$-\frac{1}{2}$	$-\frac{1}{3}$	$-\frac{1}{4}$		$-\frac{99}{100}$

Wir sehen dabei, dass die einzelnen Differenzvektoren umso größer sind, je mehr wir uns dem Wert $Re(s) = 1$ nähern. Hieraus resultiert (nach dem Prinzip der

„Abstoßung" der Partialsummen), dass der Abstand des Konvergenzpunktes der Summe dieser Differenzvektoren vom Konvergenzpunkt der alternierenden Zeta-funktion für den Wert von $Re(s) = 0$ am größten ist für den Wert $Re(s) = 1$, der Abstand umso kleiner, je mehr wir uns dem Wert $Re(s) = 0$ annähern. Diese Veränderung ist stetig. Ausgehend vom Konvergenzpunkt der alternierenden Zetafunktion für den Wert $Re(s) = 0$, entfernt sich der Konvergenzpunkt der alternierenden Zetafunktion für zunehmende Werte von $Re(s)$ kontinuierlich, erreicht seinen größten Abstand für den Wert $Re(s) = 1$. Dies können wir z.B. in der Abbildung 4.3, Seite 32 und 7.1, Seite 66 illustriert sehen.

A.2   Größenverhältnisse der einzelnen Abbildungs-schritte

Durch konsekutive Abbildungen können wir alle Etafunktionen der Realwerte mit $0 \leq Re(s) \leq 1$ aus der Etafunktion mit $Re(s) = 0$ gewinnen.

Gehen wir von einer Ausgangskette von Vektoren mit der Länge 1 aus ($Re(s) = 0$). Im ersten der oben angegebenen Schritte verkleinern wir diese Kette im Verhältnis $p_2 = \dfrac{1}{2^{Re(s)}}$ für die verschiedenen Werte von $Re(s)$. Der Abstand des Konvergenzpunktes bei den inzwischen noch zu untersuchenden Werten von $Im(s) > 2,4 \cdot 10^{12}$ für Werte von $Re(s)$ nahe 0 ist sehr weit vom Nullpunkt entfernt, da es bei diesen Werten von $Im(s)$ sehr lange, mit $n > \dfrac{2,4 \cdot 10^{12}}{2\pi}$ mäandrierende Ketten von Vektoren gibt, deren Länge 1 beträgt, wodurch diese Schleifen, welche für $Re(s) = 1$ sehr kompakt sind, sehr stark aufgeweitet werden.

Hierdurch ist das Ausmaß dieser ersten Verkleinerung absolut gesehen sehr groß. Sie verläuft direkt auf den Punkt 1 auf der x–Achse zu. Die Konvergenzpunkte liegen nach der ersten Abbildung alle auf einer einzigen langen Gerade, welche vom Konvergenzpunkt der alternierenden Zetafunktion für den Wert $Re(s) = 0$ bis zum Konvergenzpunkt der auf die halbe Größe verkleinerten Abbildung reicht. Diese Gerade geht durch den Punkt 1 auf der x–Achse. Die Konvergenzpunkte sind nach dieser ersten Abbildung immer noch recht weit vom Nullpunkt und dem Punkt 1 auf der x–Achse entfernt. Hierdurch verläuft die Richtung der nächsten Abbbildung für alle Werte von $Re(s)$ weitgehend parallel zur Richtung der ersten Abbildung(in Richtung der Abgangspunkte des Vektors mit $n = 3$), in jedem Fall auf Punkte zu, welche in einem Kreis mit Radius 1 um den Punkt 1 auf

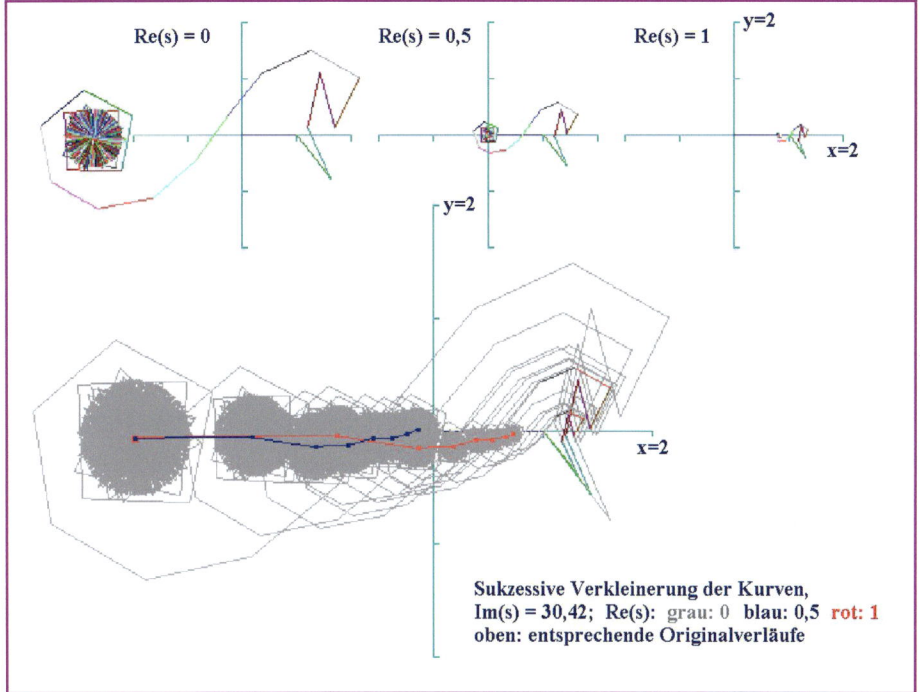

Abbildung A.1:

Schrittweise Verkleinerung der Ausgangsfigur für $Re(s) = 0$, bis sich letztlich die korrekten Vektoren(unten farbig für die ersten 8 Vektoren dargestellt) für $Re(s) = 0,5$ und $Re(s) = 1$ ergeben. Unten: Verschiebung des Abbildes des Konvergenzpunktes bei jedem Abbildungsschritt, blaue Linie: für $Re(s) = 0,5$, rote Linie: für $Re(s) = 1$. Oben: Resultierende Vektorenketten, links: $Re(s) = 0$, Mitte: $Re(s) = 0,5$, rechts: $Re(s) = 1$

der x–Achse liegen. Nun wird also die verbliebene Figur, alle Vektoren der Größe $\left(\dfrac{1}{2^{Re(s)}}\right)$, mit dem Faktor $p_3 = \dfrac{2^{Re(s)}}{3^{Re(s)}}$ verkleinert. Weitgehend in Richtung dieser Linie verläuft die nächste Abbildung, welche ebenfalls noch einmal eine relativ große Verschiebung der Konvergenzpunkte mit sich bringt.

Die absolute Größe der Verschiebung der abgebildeten Konvergenzpunkte wird im Vergleich mit den ersten Abbildungen durch die Verkleinerung der noch zu verkleinernden Strecken für höhere Werte von n rasch kleiner. Alle Verschie-

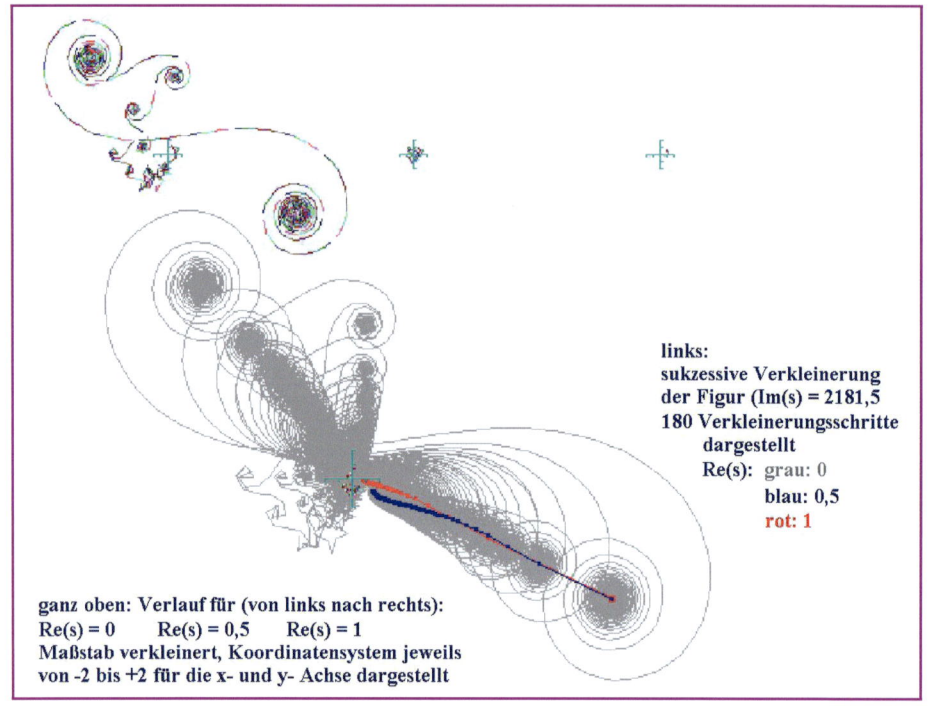

Abbildung A.2:

Verkleinerung der Ausgangsfigur für $Re(s) = 0$, analog Abbildung A.1

bungen um große Werte ergeben sich, wenn die abgebildeten Konvergenzpunkte noch relativ weit vom Nullpunkt entfernt zu liegen kommen. Dann sind aber die Richtungen ihrer Abbildungen noch weitgehend zentripetal in Richtung auf die Region um den Punkt 1 auf der x–Achse (da ja auch die Punkte auf den Vektoren mit $n = 2$, $n = 3$ etc., welche zum Zentrum der jeweiligen Verkleinerungen werden, von den noch weiter entfernten Konvergenzpunkten aus gesehen, dicht beieinander liegen). Wir können uns also die Differenzvektoren, welche vom Konvergenzpunkt der alternierenden Zetafunktion für $Re(s) = 0$, zu den entsprechenden Konvergenzpunkten der alternierenden Zetafunktion mit größeren Werten von $0 < Re(s) \leq 1$ führen vorstellen als eine Kette von Vektoren mit rasch abnehmender Länge. Dabei sind jeweils die ersten Vektoren sehr groß und bilden nur kleine Winkel zu den jeweils vorangehenden. Die großen Verschiebungen für kleine n addieren sich, da sie weitgehend gleichgerichtet sind. Wir sehen eine Art Ballett, in welchem für jeden Abbildungsschritt die Spitze des korrekt wiedergegebenen Vektors die Spitze der aus den Vektoren der identischen Länge bestehende Vektorenkette sozusagen anzieht. Erst mit größerer Zahl der Abbildungen bilden die Vektoren größere Winkel untereinander, kommt es zu Bögen etc.. Mit höheren Werten von n sind aber die Längen der Vektoren bereits sehr klein, die resultierende Beeinflussung des Gesamtresultates ebenso.

Dabei ist auch die Richtung der konsekutiven Abbildungen unterschiedlich, allerdings für jede Abbildung für alle Werte von $Re(s)$ immer parallel, die Unterschiede heben sich dadurch, dass die Richtung der Parallelverschiebungen jeweils wechselt, immer wieder teilweise auf.

Durch diesen Vorgang wird der Konvergenzpunkt unserer Ausgangsfigur auf eine Linie abgebildet, deren Verlauf sich im wesentlichen an den Ergebnissen der ersten Abbildungen orientiert, diese sind aber weitgehend Zentralprojektionen in Richtung auf ein gemeinsames Zentrum. Letztlich resultiert als Ergebnis eine etwas gebogene Linie, welche von einem relativ weit vom Nullpunkt entfernten Konvergenzpunkt der Ausgangsfigur durch den Nullpunkt auf die Umgebung des Punktes 1 auf der x–Achse zuläuft.

Zu einer Schleifenbildung kann es hierbei aber erst sehr spät kommen. Schleifenbildungen der Konvergenzlinie bei konstantem $Im(s)$ sind möglich, der Umkehrpunkt liegt dabei im Bereich $0,5 < Re(s) < 1$. Für eine zur kritischen Gerade symmetrische Nullstelle müsste er aber im Bereich $0 < Re(s) < 0,5$ liegen (Für Werte unterhalb von $Re(s) = 0,5$ ist die Verschiebung des Konvergenzpunktes wesentlich größer bezogen auf gleiche Differenzen des Realwertes, verglichen mit denselben Intervallen im Bereich $0,5 < Re(s) < 1$).

Dargestellt ist dies in den Abbildungen A.1, Seite 105, A.2, Seite 106 und A.3, Seite 108.

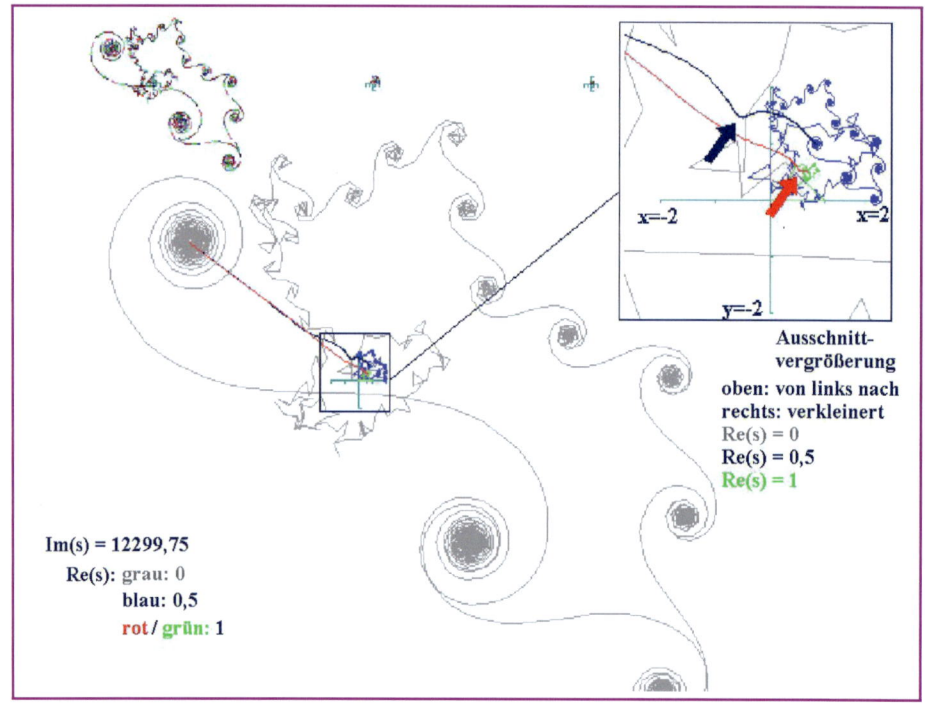

Abbildung A.3:

Analog Abbildung A.1, mit Pfeilen im vergrößerten Ausschnitt markiert: korrespondierende Stellen der beiden sich ergebenden Linien der Verschiebung der Abbilder der Konvergenzpunkte(blau: $Re(s) = 0,5$ rot: $Re(s) = 1$)